走近新科学

计算机

主　编：于　今昌
撰　稿：于　洋　岳　玲
　　　　王明强　高　天
　　　　叶　航

吉林出版集团股份有限公司
全国百佳图书出版单位

图书在版编目(CIP)数据

计算机 / 于今昌主编. -- 2 版. -- 长春：吉林出版集团股份有限公司, 2011.7 (2024.4 重印)

ISBN 978-7-5463-5747-8

Ⅰ. ①计… Ⅱ. ①于… Ⅲ. ①电子计算机-青年读物②电子计算机-少年读物 Ⅳ. ①TP3-49

中国版本图书馆 CIP 数据核字(2011)第 136918 号

计算机 Jisuanji

主　　编	于今昌
策　　划	曹　恒
责任编辑	息　望
出版发行	吉林出版集团股份有限公司
印　　刷	三河市金兆印刷装订有限公司
版　　次	2011 年 12 月第 2 版
印　　次	2024 年 4 月第 7 次印刷
开　　本	889mm×1230mm 1/16　印张 9.5　字数 100 千
书　　号	ISBN 978-7-5463-5747-8　　定价 45.00 元
公司地址	吉林省长春市福祉大路 5788 号　邮编 130000
电　　话	0431-81629968
电子邮箱	11915286@qq.com

编者的话

科学是没有止境的，学习科学知识的道路更是没有止境的。作为出版者，把精美的精神食粮奉献给广大读者是我们的责任与义务。

吉林出版集团股份有限公司推出的这套《走进新科学》丛书，共十二本，内容广泛。包括宇宙、航天、地球、海洋、生命、生物工程、交通、能源、自然资源、环境、电子、计算机等多个学科。该丛书是由各个学科的专家、学者和科普作家合力编撰的，他们在总结前人经验的基础上，对各学科知识进行了严格的、系统的分类，再从数以千万计的资料中选择新的、科学的、准确的诠释，用简明易懂、生动有趣的语言表述出来，并配上读者喜闻乐见的卡通漫画，从一个全新的角度解读，使读者从中体会到获得知识的乐趣。

人类在不断地进步，科学在迅猛地发展，未来的社会更是一个知识的社会。一个自主自强的民族是和先进的科学技术分不开的，在读者中普及科学知识，并把它运用到实践中去，以我们不懈的努力造就一批杰出的科技人才，奉献于国家、奉献于社会，这是我们追求的目标，也是我们努力工作的动力。

在此感谢参与编撰这套丛书的专家、学者和科普作家。同时，希望更多的专家、学者、科普作家和广大读者对此套丛书提出宝贵的意见，以便再版时加以修改。

目 录

电子计算机诞生

第一台电子计算机是第二次世界大战的产物。那时,随着火炮的发展,弹道计算日益复杂,原有的一些计算工具已不能满足使用需要,迫切需要有一种新的快速的计算工具。这样,在一些科学家、工程师的努力下,在当时电子技术已显示出具有计数、计算、传输、存储控制等功能的基础上,电子计算机就应运而生了。

世界上第一台电子计算机命名为"埃尼阿克",是 1946 年由美国宾夕法尼亚大学埃克特等人研制成功的。它装有 1.8 万只电子管和大量的电阻、电容,第一次用电子线路实现运算。"埃尼阿克"每秒能做 5000 次加法,或者 400 次乘法。如果用当时最快的机电式计算机做 40 点弹道计算,需要 2 小时,而"埃尼阿克"只要 3 秒钟,比普通计算机快 2000 多倍,这在当时,的确已是很了不起的成绩。然而,它重达 30 吨,占地 170 多平方米,消耗电力 140 多千瓦,功能也不完善,实际上它没有存储器,只有用电子管做的寄存器,仅仅能寄存 10 个数码。

从第一台电子计算机诞生至今,虽然只有 60 余年,可已经历了几代的变革,第一代是电子管计算机,第二代是晶体管计算机,第三代是集成电路计算机,第四代是大规模集成电路计算机。一款大规模集成电路的微型计算机,它的体积只有香烟盒那么大小,重量还不到 500 克,而运算速度要比第一台电子计算机快几十倍以上。

电脑的软件

由于电子计算机具有惊人的数据处理能力,在运行时,计算机和人脑一样,控制着整个系统的工作。因此,电子计算机又称为电脑。

电脑由硬件和软件组成,有了硬件,才能编写和执行各种软件,否则,软件则无用武之地;而有了软件,电脑硬件的作用才可以得到最大程度的发挥,否则,硬件不过是一堆无用的摆设而已。

软件是相对于硬件而言的。它是指所有控制电脑完成各种操作的程序。它可以充分发挥机器硬件的功能,使用户更为方便和有效地使用电脑。

软件分为系统软件和应用软件两大类。系统软件是实现电脑系统各种功能的有关软件,它包括操作系统、编译程序、计算机语言、机器维护程序、调试程序、诊断程序以及仿真程序等。这类软件是由电子计算机设计者提供的,应用软件则是为用户利用计算机来解决具体的实际应用问题而编制的专门软件。如现在流行的 WPS,各种中、小学的数学软件、联想软汉字、联想 OFFICE、各种绘图软件、LO-TOUS/-2-3 等都是应用软件,用户可以运行这类软件,轻松地完成各种信息的处理。

电脑的硬件

电脑的硬件是指所有构成电脑的物理设备，包括：主机、显示器、硬盘驱动器、软盘驱动器、键盘、电源、设备之间的连接电缆以及机箱等。电脑的硬件即构成电脑所必需的，看得见、摸得着的各种器件。

从外部结构看，电脑的硬件由主机箱、显示器和键盘组成；从使用角度看，又可分为主机和外部设备。

电脑的主机是指主机板(又称为母板)，它是整部电脑的"核心"。主机板上主要有：中央处理器(CPU)，是一块大规模集成电路芯片，是电脑的"心脏"，指挥并控制电脑的所有操作。我们常说的80386、80486、P II、P III、P4 等就是指 CPU 的型号，电脑功能强弱主要取决于 CPU 的能力。总线(BUS)相当于"一条高速公路"，电脑处理的各种信息全部以数据形式通过总线在主机和外部设备之间交换。内存储器(RAM)，又称内存。它像一个很大的"仓库"，用于临时保存电脑的软件及其处理的数据，一旦关闭电脑电源，保存的数据将全部丢失。扩展槽实际是总线的延伸，用于插一些扩展卡，以扩充电脑的功能。配套电路是一些集成电路芯片以及电阻器、电容器、发光二极管等。显示器是电脑的重要外部设备之一，它将主机要显示的各种信息正确地显示出来。此外，还有软硬盘驱动器、键盘、电缆等设备。

选择电脑软件

在众多的软件中,如何选择适合你的家用电脑软件呢?

配合中小学统编教材使用的家教软件。这类软件从载体上分为光盘版和软盘版,这样使用起来较为方便。这类软件有的容量较小,有的容量较大;有的按小学段、初中段和高中段成套提供,有的则以配合你当前正在学习的每一本教材分别提供。

百科类家用电脑软件。所谓百科即包罗万象。在这类软件中,地理、历史、医学、文艺、体育、动物、旅游等等无所不有。坐在小小的电脑前,手指一动即可周游世界,听各种乐器发出的美妙声音,了解各种动物的习性、产地及人体各器官的形状、功能等,这些对于学生来说,都是十分难得的。在选择这类软件时,应注意它能不能在你的电脑上运行。由于这类软件的图像及声音质量很高,有些软件需要在较高内存和显卡配置的电脑上运行。

游戏软件。作为家用电脑的一个组成部分,游戏软件也是必不可少的。不少电脑游戏内容健康、寓教于乐,对孩子增长知识、提高智力水平大有裨益,但是家长要指导孩子正确处理学习和游戏的关系。

非击打式打印机

打印机是电脑的一种重要输出设备，如果说电脑相当于人脑的话，那打印机就相当于人的手和笔。随着电脑逐步进入家庭和打印机技术的发展，国内打印机市场也已十分繁荣。面对市场上品种众多，功能各异的打印机，用户如何选用呢？按打字原理来分，打印机主要分为两大类，即击打式打印机和非击打式打印机。

非击打式打印机是采用某种物理或化学方法，使电脑输出的信息能在纸上显现字符或图形的印字技术。这类打印机具有噪声小、打印速度快、打印质量高等优点，不足之处是可靠性较差，使用寿命较短。市场上流行的激光打印机、喷墨打印机等均属此类。由于激光打印机价格昂贵，一般高达上万元，目前主要为办公自动化和激光照排轻印刷系统选用，普通家庭还难以接受。喷墨打印机近几年来发展势头很猛，现在价格已降到了针式打印机的水平，使不少用户为之心动。但值得一提的是，喷墨打印机虽然价格便宜，但其消耗品的价格相当高，如喷墨头大都是一次性使用，且每个喷头只能打印数百页。此外，喷墨打印机对纸张的要求也很高，这就进一步增加了打印成本。

击打式打印机

　　与非击打式打印机相比，击打式打印机生产和使用的历史较长，具有结构简单、价格低、容易实现汉字打印等优点。但这类打印机也有缺点，即打印出的字符不如非击打式打印机清晰美观，打印速度较慢，噪声也较大。针式打印机是目前市场上的击打式打印机主要机型，应用最多的是9针和24针打印机。

　　9针打印机体积小、价格低，但用它来打汉字时，由于点阵太低，打印出来的字不太美观。为解决这一问题，近年来推出了仿24针打印机。这种打印机将每行汉字分3次拼打而成，最后得到与24针打印机相仿的打印效果，而价格还不到24针打印机的一半。这种打印机对以处理数据为主的用户较合适，而对于经常需要打印汉字的用户（如记者、作家等）就不太合适了。

　　因为打一行24点阵汉字9针仿24针打印机需要打印3次才能够完成，而一般文稿常用的40点阵以上的字形就需要打印更多的次数才能打出一行来。这样不但速度慢，效率低，而且也会大大加剧打印机的磨损，从而影响打印机的使用寿命。所以，需要经常打印汉字的用户，若经济条件允许，最好选择24针打印机。

家庭购买电脑

　　要考虑全家人的需要，尤其是要照顾到孩子的需要；要选择简单实用的电脑；要选择由信誉好、知名度高的厂商生产的品牌电脑；要充分考虑家庭的需要和经济承受能力；电脑上要有预装软件，这既节省了用户选择软件的时间，能够为用户节省开支，同时也免去了软件安装的麻烦；硬盘是计算机的存储空间，硬盘大小的单位是 GB。拥有一个可以存储所有应用软件和多媒体文件的硬盘是非常必要的，一般应选择具有大空间的硬盘。当然，也要考虑内存（RAM），至少要选择256MB 的内存，以用于图形和多媒体制作。购买电脑时，要问清楚与

服务、支持和保修有关的各项细节，并把购买打印机和其他设备列入计划。

　　目前，市场上主要有针式、喷墨、激光三种打印机。针式打印机是最普通的打印机，如果需要高质量的输出效果，应选用激光打印机。而彩色喷墨打印机可以充分表现色彩方面的构思。

使用家庭电脑的注意事项

一是防尘。软驱、光驱、主板等电脑的主要部件和打印机等配件都是精密的机电产品，都害怕尘土的损害。电脑在运转过程中会产生一定的热量，如果有尘土会影响散热，降低电脑寿命。放置电脑的房间要保持清洁，电脑主机、显示器和打印机最好有防尘罩；显示器屏幕不要用一般的布擦抹，应当使用镜头纸或者棉花；不要在使用电脑时吸烟；在使用电脑时，不要梳头、挠头皮，防止头皮和头发掉到键盘的缝隙里。

二是防潮。在湿度过大的情况下，电脑中的电路板、元器件表面容易结露，会引起电路板或元器件产生漏电，接触点锈蚀。所以，电脑与墙壁的距离不得小于10厘米，这样不仅可以通风，还利于防潮。长期不使用电脑也会使电脑受到潮气的侵蚀。所以每周至少要开一次电脑。在多雨的季节，每天都应当至少开机一个小时。

三是防水。在擦抹电脑上的尘土时，抹布不要潮湿，尤其不要有水滴进入机器。

四是防震。电脑在磁盘中读、写数据时，如果受到震动，极易损坏磁盘。所以，电脑桌一定要专用，放置在地面上要稳当。电脑要远离各种震动源，否则将会丢失数据或者损坏磁盘。在敲击键盘时，力量要均匀，不要用力过猛。

五是防静电。电脑要接地线，这样可以及时地排除静电荷，以免损坏芯片。

计算机中的 CPU

许多初学电脑的人，常会遇到"CPU"这个词，CPU 是什么呢？

无论什么类型的计算机都可以看成是由运算器、控制器、存储器、输入设备、输出设备五部分

组成的。运算器用来完成加减乘除等算术运算的逻辑运算；控制器用来控制计算机的各部件按照预定的步骤运行；存储器用来存放数据程序等各种信息，有了它计算机才具有了记忆能力；输入设备用来将程序数据输入到计算机中，最常见的是键盘；输出设备用来将计算机处理的中间结果或最终结果传送出来，最常见的是外形类似电视机的显示器。

计算机的五个组成部分中最重要的是运算器和控制器，其重要性宛如人的心脏，因此把运算器和控制器合称为中央处理单元，也就是CPU。随着集成电路的发展，为了缩小计算机的体积，都把运算器和控制器(CPU)集成在一个芯片上，称为微处理器。

电脑是以微处理器为核心，配上存储器、输入输出设备构成的超小型计算机系统。目前，在微机中使用的微处理器大多是由英特尔公司生产的赛扬系列、奔腾系列、酷睿系列和 AMD 公司生产的闪龙系列、速龙系列等。

从学 DOS 开始

　　DOS 是微机磁盘操作系统的简称，DOS 负责管理微机中的文件，负责微机各种设备如显示器、软驱、硬盘等的数据交换，DOS 还提供许多用户可以使用的命令，用户通过命令可操作微机。也许有人说我可以直接进入文字处理 WPS，请别忘了，直接进入文字处理，一定要采用批处理方式，而批处理本身就是 DOS 的一项功能。

　　DOS 很重要，但对初学者而言，却是学电脑的"拦路虎"。因为 DOS 中的提示信息和 DOS 命令都是英文的，而且 DOS 命令非常多，常令初学者摸不着头脑。其实，DOS 命令虽多，而常用的并不太多，只要掌握了文件拷贝、删除、格式化以及列目录等十几个命令，就可以操作微机，而其他命令可以慢慢学。当然，DOS 的英文提示是一个难点，最好能有中文译文，这样用起来就不难了。学 DOS 软件就是在这一背景下产生的。学 DOS 软件具有模拟操作、实践训练、命令检查、命令解释、DOS 环境等功能，对于完全不懂电脑的用户来说，只要安上学 DOS 软件，就可以从开机进入 DOS 开始，依次根据中文提示进行操作，有了学 DOS 软件，用户可在几个小时内学会 DOS 基本操作。

按键数量的反弹

　　电脑键盘按键数量的减少是键盘技术的一次飞跃。但是，近些年来，键盘上按键的数量又有回升的趋势。

　　这主要是与计算机操作者对办公效率的需求有关。近些年来，键盘上所增加的按键，除了键盘右区的小键盘外，几乎都是功能键或快捷键。就拿 HPBrio 增强型键盘来说吧：它新增的 13 个键全部都是快捷键。其中最右侧下端的 3 个键负责计算机的音量控制，通过这 3 个键，使用者可以调节计算机音量的大小，或者将计算机设置为无声状态；最右侧上端的两个键则分别负责计算机的电源控制与信息查找。在左侧并排的 8 个键中，其中 3 个键系统自留，分别分配给了系统导航软件"Brio 中心"、互联网浏览器以及键盘配置，例如我们可以将一号键设置为电子邮件程序的快捷键，二号键设置为 Word 程序的快捷键，三号键设置为经常使用的资源管理器快捷键等。很显然这是从提高使用者的办公效率来考虑的。虽然鼠标的出现已经极大地简化了计算机的操作，但是在键盘与鼠标间的频繁更换仍然会给使用者带来一定的不便。尤其是当鼠标的灵敏度不高时更是如此。而在 HPBrio 的增强键盘上，由于常用的应用程序都可以通过相应的快捷键来启动，因此无需再在键盘与鼠标之间进行频繁更换。

电脑程序

通俗地说，程序就是给电脑规定的计划书。人们把电脑能懂的指令按照所要完成的任务排成一个序列，命令电脑这一步这样做，下一步那样做。程序对电脑是至关重要的。程序又是由语言组成的。电脑听不懂人类的自然语言，但它们有自己的语言，这是由指令、语句结构组成的"计算机语言"。

早期的学习机上只带一种适合编写卡通电子游戏程序的语言，叫作 FBASIC，也称游戏 BASIC。但这种语言只能使用整数，有相当大的局限性，尤其是缺少适合数学的函数，而且不能输入汉字，所以能够用它编写程序的人很少。后来，学习机有了发展，带上了一种叫中西文浮点 BASIC 的语言，是一种面向教学的计算机语言。这种 BASIC 语言不仅可以在程序中使用英文、汉字，而且既能处理整数也能处理实数，特别是它还可以很方便地使用三角函数、指数函数、符号函数等适合中小学教学的函数。

用电脑编程序

初学者开始编程序的时候，总是摸不着门路，不知怎样才能把那些基本的计算机指令拼合在一起来实现自己想要的功能。其实，在初学编程序时有一条捷径，就是先模仿再创造。比如在裕兴磁盘式普及型电脑中有一个功能叫"程序范例"，汇集了十余个中西文浮点 BASIC 和游戏 BASIC 的经典程序。这些短小精悍的小程序都是为初学者学习编程准备的。用户可以用列程序清单的指令叫 LIST，先把这些小程序呈现到屏幕上，然后对这些小程序进行一些修改，比如把 1 改成 2，把显示"中国"改成显示"北京"。最后再运行一下看看结果有什么变化，就能比较直观地理解你所修改的指令是干什么用的了。

当你对基本指令有了相当的了解，就可以照葫芦画瓢地照着程序范例编程序了，并为将来创新打下良好的基础。等到你把基本的程序结构练得滚瓜烂熟，就该买一些有关高级技巧的书籍学习一下，还要注意多和高手们切磋，这样你的编程水平就会迅速提高了。另外，初学者编程序时往往面对一个任务不知从何下手，这里向你推荐一个小窍门：化整为零。就是把一个庞大的任务分解成若干个小问题，然后再把小问题化成更小的问题，这样你就可能"大事化小，小事化了"，最后再把几行几行的小程序联结在一起，就能完成大任务了。

电脑也怕冷怕热

电脑不像我们人体,对温度的变化有自动的调节功能,几乎所有的电脑均要求其环境温度保持在 10℃～37℃,过冷或过热的环境都会给电脑的内部元件带来致命的影响。

如果把电脑放在寒冷的环境中,它的内部元件就会收缩。因此,在我们把温度调节到正常的室温(应在电脑的温度范围内)之前不要开机,否则,电子信号产生的热量将可能引起热击,从而损坏电脑的芯片或电路。

如果把电脑放在高温的环境中,它的内部元件就会扩张。过热的症状就是电脑运行时会发生间断性错误,这是由于电子信号在扩张的电路中串路引起的。倘若电脑暴露在阳光直射下或热源中,应把它移开。

此外,我们还要注意电脑的通风。电脑在运行时会产生大量的热,如果不能排出热量,不仅会损坏机器,还可能引起火灾。在电脑的底座内有一台风扇可使空气循环以散发热量。我们给电脑增加扩展卡和存储器的同时,也增加了热源的数量,从而使底板的温度升高。如果电脑的底板发热过多,就要考虑更换一个有大风扇的电源以改善通风,降低温度。为了不挡住风扇,电脑的底座不要离桌子和墙太近。

多数监视器也有散发热量的通风孔,不要将书本或打印纸等放在监视器的上面,以免挡住通风孔。

为电脑配音箱

市场销售的多媒体电脑，因带有声霸卡，需要配两只音箱，用来播放 CD、VCD、DVD、CD-ROM。

品牌电脑一般都有厂方原配的音箱作为附属供应，音箱的牌子与电脑相同。如果是拼装机，销售商通常会向你推荐他那里准备的几款小音箱，并告诉你这是电脑专用音箱。实际上所谓"电脑专用音箱"并不存在，目前音响技术尚没有这种制造标准。一般的电脑用户，通常对电脑播放音响的音质要求不高，只是希望使用方便，能与电脑一起摆在桌上。市面上的所谓"电脑专用音箱"就是针对这种普通需要设计的。一般这种音箱体积较小，内置小口径复合盆扬声器单元，有防漏磁设计，并在箱内装有一个功率放大器。这种音箱的科学名称应该是"小型防漏磁有源扬声器系统"，优点是体积小、漏磁少，故能摆放在电脑两旁，使用不需要技巧，打开电源就发声。缺点是箱体物理设计水平低，输出功率小，造成声频特性不佳，音质较差，一般可以满足阅读多媒体光盘的需要，但是用于欣赏发烧友档次的音乐，则不是合适的选择。某些产品虽然加大了箱体和输出功率，音质有明显改善，但要应对高保真时代的音乐欣赏要求，也是捉襟见肘的。那么，可不可以用大型家用音响设备播放电脑送出的音乐呢？当然可以。

电脑能"看"到东西

眼睛是用来看东西的，但只有在可见光的照射下才能看得见，因此，可以说眼睛是一种对光有"感觉"的器官。如果我们用对光有"感觉"的材料做成光传感器，使它受电脑的指挥，那么，这种光传感器不就可作为电脑的"眼睛"吗！对光有"感觉"的材料有：银—氧—铯、银—铋—铯、铯—碲等，它们在光照射下，会从表面或体内发射电子，这个现象叫光电子发射效应；又如硫化镉、硒化镉、硫化铅、锑化铟、银镉碲等材料，在光照射时，本身的导电能力会奇妙地增加，这叫光电导效应；还有锗、铟、镓、砷、磷等材料，在光照下，竟然会产生电动势，这种光生伏打效应也是十分有趣的；再如铝钛氧等材料的双极矩会随温度的变化而变化。利用以上材料的这些特殊效应，将它们制成光电转换元件。这种元件，不但能将可见光变换成电信号，而且还能将红外光、紫外光变换成电信号。然后，将信号传送给电脑，由电脑控制发出指令，对光信号作出反应。这和光照射在物体上，被物体反射到眼睛里，从而可以观察到物体一样，光传感器能起到眼睛的作用。

这种"眼睛"可安装在任何需要的地方，直接由电脑指挥，以发挥不同的作用。如可作大楼大门的自动开关，电梯门的自动开关，自动检票装置等。

电脑的"嗅觉""听觉"

　　人的鼻子会闻气味,用电脑控制的气体传感器也会闻到气味。原来,气体传感器是利用二氧化锡、氧化锌等氧化物半导体,在吸附气体后,电导率发生变化而制成的将气体变换成电的转换元件。只要一闻到味儿,它马上就会将相应的电信号发到电脑,从而使电脑有了"嗅觉"。它的嗅觉很灵敏,除了能嗅空气中的微量气体外,还能测出该气体的浓度。比如,在家里厨房的煤气灶上安装一个对煤气灵敏的气体传感器,就可以探测煤气管道是不是漏气。气体传感器主要用来监视大气污染情况,测定大气中烟雾及有害气体的浓度,当它们超过环境保护所规定的剂量时,就发出警报,以防止因漏气或有害气体、烟雾积聚而引起的爆炸和中毒事故。

　　电脑的"耳朵"是指压力传感器。它与声波传到耳膜,耳膜随声波而振动,压迫听觉神经,使耳朵能听到声音一样,压力传感器使电脑有了"听觉",能起耳朵的作用。在医疗上,压力传感器可"听"到人体的脉搏、心音和心压;在工业上,可用来测量气体和液体的压力、压差、流量、张力和形变;还可测量飞机飞翼面上的风力、船舶航行中波浪的冲击压力等。

图形输入计算机

在飞机、船舶、汽车和电子线路的设计中，广泛应用电子计算机来进行整理、规格化和分类等工作，然后在荧光屏或自动绘图仪上得到准确的设计图。这些复杂的图形是用一种称作"图／笔"的图形输入装置制作的，"图／笔"从原理上可分为光笔、声笔和电磁笔等几种。

光笔可以感受荧光屏上的字符、曲线和图形的光信号，并把显示屏上任意点的位置或显示对象的坐标录取下来，也可以使字符在屏幕上任意移动。光笔录取的坐标位置信号，通过控制器输入计算机，就能作图或进行图形的修改。声笔又分为火花声笔、压电声笔和反声笔等几种。火花声笔像一支普通的圆珠笔，笔尖旁有一个极小的火花间隙。它可以在一种有机玻璃的标图板上作图。标图板的两条直角边上装有两个长条形的微音器。当声笔与标图板接触时，火花间隙发出一个电火花，它在空气中产生一个前沿极陡的声脉冲。这时，计数器开始计数。当声波到达两条直角边上的微音器时，被转换为电脉冲，分别使两个计数器停止计数。这样，两个计数器所计的数字，就能准确地表示出笔尖在标图板上的位置。电磁笔方案是在标图板上以直角坐标轴的形式制成彼此分离并绝缘的许多根导线，并向这些导线依次输入电脉冲。如果电磁笔触及标图板，那么就能感知最邻近导线上的电信号或静电容量，从而确定笔尖的直角坐标位置。

电脑也会出差错

20世纪80年代第一个初夏的早晨，美国战略空军司令部的壁形显示屏上，突然出现了两枚从潜艇发射的核导弹，正向美国袭击。设在美国科罗拉多州夏延山花岗岩隧道深处的美国防空司令部里，黄色警报灯闪着恐怖的亮光。这是美国遭到突然袭击的紧急信号，再过20分钟导弹就会命中目标，美国将有2000万人丧命，接着将爆发一场史无前例的核大战……

"一级战备！"美国各地的战略机场和洲际导弹部队接到命令，战斗警报在山谷中回荡。一部分载有氢弹的战略轰炸机飞向蓝天；另一部分轰炸机装上核弹，加足燃油，部署在跑道的起飞线上，飞行员进入座舱待命，只等一声令下，他们将在5分钟内冲上天空去执行核攻击……

一场核大战迫在眉睫，人们屏住呼吸等待美国总统的最后决策。

时间在流逝，危险在逼近，只剩下10分钟了。正在这生死攸关的时刻，技术人员报告说，原来是电子计算机出了故障。

电子计算机不仅会因内部元器件不可靠而出差错，而且还容易受来自外部的干扰或破坏而失误。因此，在大力发展计算机技术及应用计算机的同时，人们对计算机的"安全"采取了有效措施，防止它出错。

电脑也会渎职

目前，电脑能操纵飞机、管理核电站和控制铁路信号，它们还被用于控制医疗诊断设备，而且它们的安全记录已经给人留下了深刻印象。过去，不少人认为电脑对数据和信息的处理绝对准确，万无一失。但随着电脑的广泛应用，这种"神话"不攻自破。

日本某铁路干线全线由电脑控制列车运行。为此，有关方面曾声称："我们提供了绝对安全的第一流高速交通设备。"但此话音刚落，就发生了两起使人目瞪口呆的事故。一次是前方道岔还未扳好，电脑却向一列停车等候的列车发出了"开车"的指令；另一次是东京东站以西52号道岔尚未和干线接通，可停在附近的列车却接到电脑"以时速70千米发车"的命令，结果险些酿成脱轨翻车的惨剧。

电脑渎职出错的事故，几乎在每个国家都有"案例"。美国有关部门对40所使用电脑的医院作过调查，结果发现几乎半数医院的电脑系统出过差错。电脑作为科学技术和人类文明的结晶，无疑可以造福人类。但电脑运算上的误差和假信息的干扰，却可能给人类带来灾害。电脑把社会各个领域连接成网，其系统就越庞大越复杂，电脑渎职出错带来的后果就越严重。

计算机病毒

通常说的病毒是医学中的一个概念。它是一种低等生物，这种生物侵入细胞后，就在细胞中自我复制，复制品又去侵袭其他健康细胞，造成传染病，而且被传染的细胞多半会死去。计算机"病毒"不是生物，而是一种人工编制的计算机程序，因此它不可能传染给人体。这种程序具有自我复制并利用信息渠道传播的特点，一旦在计算机内部开始活动，很快就泛滥成灾，污染计算机系统，影响正常运转，破坏信息交流。特别是这种程序极具潜伏性、隐蔽性，不易被人察觉。当它发作时人们往往措手不及，从而造成工厂停产、金融系统瘫痪、卫星发射失败、政府机构秩序紊乱……由于这种程序具有许多与生物病毒相似的特点，所以人们将它叫作"计算机病毒"。

计算机病毒源于 20 多年前轰动一时的科幻小说《PI 的青春期》，它是由美国的科普作家虚构出来的。不幸的是，10 年过去后，虚构变成了现实。1983 年，美国的弗雷德·科恩在作博士论文时，在实验室里首次进行了计算机病毒试验并获得成功。他原本只是想检验电脑程序能否自行繁衍并传入其他程序内，改变这些程序的运行功能，却不想打开了"潘多拉的盒子"。

现在人们已经开始研究反病毒程序，并且初见成效。针对有些计算机病毒，人们可以利用"消毒卡"去"杀死"它们。

使用防病毒卡

病毒实际上是一段程序,它隐藏在计算机系统的程序或数据中,能影响计算机系统正常运行,并通过系统中的程序或数据进行传染。一般来说,病毒包含两部分:传染部分和表现部分。传染部分相当于一个侦查员,其任务是判断其攻击对象是否具备感染条件并将病毒复制到满足传染条件的软件中去;表现部分相当于进攻部队,在被感染软件运行时判断发作条件,当条件成立时进行破坏或感染其他程序,所以病毒一般是寄生在系统可执行程序中,如启动区,执行文件,命令文件等,当这些程序运行时发作或进行传染。

对抗计算机病毒的历史与病毒的发展几乎是同步的,人们最早采取的反病毒技术是软件检测清除的方法,即根据病毒特征找出病毒然后予以清除。但这种方法很快就不管用了,新的病毒层出不穷,没有一种药可以包治百病,于是人们开始设计专用程序监测计算机系统的运行状况,根据病毒的作用机制对其进行监测预警,防止病毒传染,这种方法效果不错,但这种软件本身同样也受到病毒的威胁,一旦它们传染了病毒,病毒的传染危害就会更为巨大,于是人们便将这种监测病毒的程序固化到硬件上,防病毒硬件的工作原理与监测软件类似,所不同的是硬件产品本身不会被病毒感染,具有更高的可靠性,当计算机运行时防病毒卡就像一个警察似的时刻监视着所有程序的运行,当有程序试图修改其他文件时,防病毒卡将向操作者发出警告,提醒用户可能有病毒。

教育电脑

有一种意见认为，教育电脑就是在市场上普通的电脑中装一些教育软件(以电子课本、题库为主)后，放在学校教室中使用。持这种观点的人认为，教育电脑与办公用电脑并没有什么区别，只是应用软件不一样而已。实际上，学校中的教育电脑并不担负大量的数据处理、报表处理、电子邮件、数据库管理等工作，也没有一批计算机专业人士从事网络的管理和日常维护工作。因此，从本质上和应用上来讲，教育电脑和商用电脑是不同的。加上成人的认识水平、理解能力和使用习惯与学生特别是小学生差别很大，让学生使用与成人没什么区别的电脑，就如同让小学生骑成人自行车一样，虽然他们也能勉强驾驭，但其效果和结果是不言而喻的。

针对教育电脑的特殊性，一些专家认为教育电脑应当是针对中小学生特点而专门设计的易学易用的电脑，学校中的计算机辅助教育体系应该是由这类电脑配合教育软件构成的简单校园网，而适合中小学生使用的教育软件，要以多媒体读物和多媒体参考资源库为主，以题库为辅，不提倡电子课本。

从目前社会各界电脑普及应用的发展状况来看，针对用户特征专门设计的"专用电脑"，例如网络电脑、掌上电脑以及各种工作站，很受用户欢迎，这是电脑市场逐步走向成熟的一个标志，也是电脑产业的发展方向。

选择笔记本电脑

目前,笔记本电脑是公务旅行人员最理想的办公机器。现在市场上流行的笔记本电脑可以根据其体积、重量和功能等三项指标,分为笔记本电脑和亚笔记本电脑两大类。

那么,用户在选择笔记本电脑时,到底是应该选择功能强大的笔记本电脑,还是选择只具备基本功能但携带方便的亚笔记本电脑呢?

其实,各种笔记本电脑都有各自的功能,在使用时主要看使用者的目的和用途。一般来说,亚笔记本电脑由于重量轻、体积小,易于携带颇受广大出差人士欢迎。但它也有一些缺点,如屏幕较小、硬盘容量不大、电池寿命较短等。而笔记本电脑的重量较重,有些还需外接电源,更增加了携带的难度。

市场调查表明,大多数用户对笔记本电脑有以下几方面的要求:

首先屏幕要大。通常要求配备 25.4 厘米以上的彩色显示器。其次,硬盘要大。40G 的硬盘是最基本的配置,最好能够配置 80G 以上的硬盘。再次,键盘应该较大,便于操作。最后,通信功能要强。除了具有可与传真机和网络联结的 PCMCIA 插槽外,还应该具备移动电话和通信功能,以便随时随地获取信息。

电脑的信息仓库

存储器是电脑存放信息的"仓库"，微处理器从这里读取信息，然后按指令进行处理。

存储器的存在使计算机有了"记忆"的功能。它通常可分为两大类：内存储器和外存储器。内存储器直接和运算控制设备发生联系，与它打交道的是中央处理器(CPU)，它又简称内存。而内存通常又分成高速缓冲存储器和主存储器，它具有存取速度快和容量小的特点。另一类存储器叫外存储器，简称为外存，它不直接为中央处理器所访问，它存储的信息通常要调入内存后才可执行。通常它又可分为硬盘、软盘磁带和光盘等。

高速缓冲存储器是介于中央处理器与主机之间的存储器，它是为了改进存储量的有效传输率，提高计算机的速度而引入的，它的容量较小，成本极高。主要用来临时存放指令和数据。

硬(磁)盘存储器简称硬盘。一般硬磁盘的容量可达几十兆到上千兆。目前市场上流行的移动硬盘能提供 80GB、120GB、160GB、320GB、640GB 等，最高可达 5TB 的容量，被大众广泛接受。

软盘是以塑料为基片覆盖着磁介质的圆形盘片，放在保护套中，常用的有 13.34 厘米(5.25 英寸)、8.89 厘米(3.5 英寸)。

光盘是利用光学方式进行读写信息的圆盘，它既可以存放数据也可以存放声音、图像。它的容量大，可靠性高。通常有 30.48 厘米(12 英寸)、20.32 厘米(8 英寸)、13.34 厘米(5.25 英寸)和 8.89 厘米(3.5 英寸)几种。

电脑的缺陷

　　现代电子计算机似乎是个万灵的脑袋。然而,这个脑袋却有一个极大缺陷,那就是它们内部数万个元件之间多呈串联结构,元件之间的依赖性很强,任何一个元器件或焊点出故障,都有可能使系统失灵。在布鲁塞尔世界博览会上,因计算机管理的饭店座位分配系统的某元件发生故障,竟使 5 万客人找不到位置吃饭,令人啼笑皆非。如何弥补这个缺陷就成了科学家们伤脑筋的问题了。

　　大自然赋予人脑多余的神经元这一特征,令电子专家们发生了极大的兴趣。人脑约有 140 亿神经元。在人们的一生中,每小时约有 1000个神经元发生障碍,一年之内就有 87.6 万个神经元功能失调,如果活100 岁,就约有 10 亿神经元先后丧失工作能力。然而,这样庞大的数字仅占人脑神经元总数的不到 1/10,所以人仍然能正常思维。苏联有一位铁路工人在一次工伤事故中,脑子被一根钢筋穿透了,损坏了两个

额叶,但令人惊奇的是,他仍活了下来并工作了 12年。受大脑巧妙构造的启发,科学家们已研制出一种计算机线路,在这种线路中,为保证计算机工作高度可靠,设计配备了许多备用元件可以自动替代损坏的元件。据说,这个试验线路在有一半元件发生故障的情况下仍能正常工作。

电脑的容量

一般说的电脑大小，指的是电脑的容量，而不是电脑的尺寸。换句话说，是指硬盘是几 M(兆)的，内存是多少 K 的。其中的"K"和"M"都是衡量电脑容量的单位。

别看电脑软件、信息五花八门，其实都是用 0 和 1 来表示的。最基本存储信息的单位能存储一个 0 或者一个 1，我们称之为"位"。对"位"进行的运算是二进制运算，也就是逢 2 进 1。所以 1+0=1，而 1+1=10。正因为五花八门的信息都要用"0"和"1"来表示，如果单用"位"来描述的话就太不方便了。所以，把 8 个位并起来作为一个新的单位，叫作"字节(B)"，并把它作为存储电脑信息的最小单位，这样就方便多了。

如果再把这两个字节并起来，得到的新单位我们称之为"字(W)"。也就是说一个"字"是 16 倍。很显然，用"字"做单位比"字节"包含的信息量大。但是对"字"的操作不如"字节"方便，也不像"字节"那样被广泛使用。

现在，我们来再说说"K"和"M"。我们常说的"K"和"M"分别是"KB(千字节)"和"MB(兆字节)"的简称。"KB"和"MB"是在"B(字节)"基础上归纳出来的新单位，它们之间的关系是这样的：

1KB=1024B

1MB=1024KB

现在，随着技术的发展，电脑的信息存储容量多以"GB"为单位，1GB=1024MB。

人脑和电脑的区别

美国著名的人工智能专家约瑟夫·费根鲍姆在他的专著《电脑的威力与人的理性》一书中提出，人类与电脑最不相同之处，就是人的最重要的特点。他认为电脑绝对做不到的是"只可意会，不可言传"的事情，比如父母站在熟睡孩子床前交换眼色，可以作为人的本质的典型特点。但是，仅仅根据电脑所不能做的事情来说明人的独特性是有缺陷的。美国哲学家约翰·塞尔认为，电脑模拟人的思维不管多么完善，终究不是思维，因为电脑只不过是按照某些规则运转，其实它并不明白这些规则。不管电脑作出什么事情，人工智能是一码事，人的思想是另一码事。人的思想是人类的特定生物现象的产物。其实，面对大脑人们会很自然地想到，我们与机器的区别在于人有爱与恨，有情感，有情绪与感官上的冲动，有对英雄行为的感奋，有对于家庭生活的温暖感，有对于友谊的亲切感。因此，可以这样说，电脑机器有理性，而人不仅有理性，还有七情六欲，有丰富的感情。

尽管电脑神通广大，甚至能战胜国际象棋大师。但是，我们不能忘了，它的思维和灵感都是人类大脑赋予它的。更何况万能的电脑还有一个极大的缺陷，那就是它们内部数万个电子元器件之间多呈串联结构，元件之间的依赖性很强，任何一个元件或焊点出故障，都有可能使系统失灵。如何弥补这个缺陷还需要科学家动脑筋解决。

芯片融入人脑

英国一位著名的未来学家根据他进行的一项影响广泛的研究称，今后 50 年内人脑可能与计算机直接相连。科学家将开始进行把高性能硅芯片和人脑直接相连的开发工作，其途径可能是在芯片上培养神经细胞。

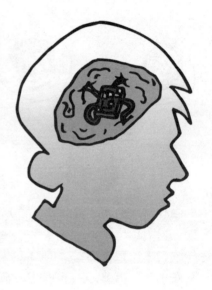

这种联系会使人凭借植入脑中的芯片随身携带整套的《大英百科全书》，使人脑以碳为基础的记忆结构和计算机的硅芯片发生直接联系。这种联系还会大大增强大脑的功能，因为这一水平的硅芯片在存联信息方面的能力可以与人脑相媲美。

光纤传输的数字信息的数量目前正以每年翻一番的速度增长。芯片存储器也在以几乎同样的速度扩大。科克伦说，这将使计算机的功能出现从未有过的高速增长。

计算机芯片和人脑的直接联系是科克伦有关技术趋势研究中最惊人的结论。这项研究还包括了以下的预测：到 2006 年，人们通过向可以识别个人声音的电话说话，可以实现自动拨号；到 2008 年，人造鼻子可以辨别人类所能辨别的所有气味；到 2011 年，医疗装置可以凭借自身的能力进入人体血管；到 2015 年，便携式翻译机可以把简单的谈话翻译成两种以上的信息。

使用"无忧卡"

　　不间断电源 UPS 可以在电脑发生掉电时提供一定的时间，让操作者进行紧急存储,从而保全电脑资料。前不久,有人针对断电时电脑受到的威胁,提出了"无忧电脑"的概念,即为用户提供一个完全不受断电威胁的无忧运行环境,在踏实和舒心中从容不迫地操作电脑。其载体便是"无忧卡"。它是一种有数万行软件支持的智能卡,能抑制电网波动带来的干扰,自动识别掉电与断电,断电自动保存电脑当前的工作状态,来电时又自动完全恢复工作状态,并继续运行。这是一个软硬件相结合的高技术产品,面对的是整个微机行业,现有的电脑装配上无忧卡,就成了无忧电脑系统。

　　作为智能化电脑数据保护系统,无忧卡与 UPS 有着本质的不同。这从它的工作方法上便可看出。在电脑供电发生变化时,它在驱动软件支持下介入电脑运行,并使其在断电时自动处于保存记忆的休眠状态,即自动地把全部运行环境和数据储存起来,然后停机待电;复电后又可自动恢复断电前瞬间的运行环境和状态,并使电脑继续正常运行,整个过程无需操作员动手,完全自动化,充分体现智能化特征。

　　"无忧卡"还能在瞬间掉电时,自动提供供电,使电脑不会因重新启动而冲掉原来的数据。

第五代计算机

　　1945 年底，美国研制成功世界上第一台使用电子管的电子计算机，1947 年投入使用。从 1949 年起，英美等国相继制成通用电子数字计算机——第一代电子计算机。1956 年，用晶体管制造的第二代电子计算机问世。20 世纪 60 年代初期出现了使用集成电路的第三代电子计算机。70 年代，又进入了使用大规模集成电路的第四代电子计算机时代。

　　第五代电子计算机是一种功能分布型结构。整机由许多部分组成，相互协作，譬如有的部分储存信息，有的部分辨认文字和图像，有的部分学习，有的部分计算，有的部分推理……即使某一部分发生故障，整机仍能继续工作，并自动探测和修复故障。第五代电子计算机能直接听懂人说得话，能够把人的声音、图表和手书文字等信息兼收并蓄地储存起来，只要使用日常语言就能指挥它工作，运用起来十分便利。

　　第五代电子计算机具有近似人脑的功能，能够直接处理声音、文字、图形和照片等信息，还能在它所储存的大量知识的基础上，进行学习，从而对未知的问题迅速作出推论、判断和解答。因此可以说，它才是名副其实的"电脑"。第五代电子计算机能实现多国语言自动翻译，有效地积累和运用知识，从而对社会的进步作出重要的贡献。

面临计算机挑战

据美国一家杂志报道，在21世纪，从事医生、会计和律师的人员将面临一个强大的竞争对手，即计算机的挑战！尽管计算机很难取代外科医生，但那种只会对患者问诊、开处方的医生，将会变成多余的人，其职业将被计算机夺去。那些只会编制合同或调查案例的律师，或为律师收集资料文件、法律咨询以及日常性业务等人员，都将难以像今天这样优哉地生存了。

有人估计，2010年后，医生(外科医生除外)、会计、律师职业也不会有现在这么吃香了，因为这些工作目前已开始被计算机软件取代，而且比人干得更好更出色。

在美国加州一家开发公司，利用计算机为顾客提供在种类上超过任何一位律师所能编写的遗书的软件。该公司负责人预测，在不久的将来，大型律师事务所将近一半的工作将计算机化。

在医疗领域中，计算机为人看病其准确诊断更是惊人。美国的医院和医科大学都已在利用计算机软件进行诊断疾病和教学。其应用最广泛的是犹达大学医师小组开发的软件。医生只需把患者年龄、性别、症状等输入计算机，对显示屏幕列出的提问逐一回答后，计算机便会作出诊断。据说，该软件精通9项内科领域中1000多种疾病和供诊断使用的1500多类症状。人往往会因疲倦而失误或出差错，而计算机始终是"精力充沛"地进行工作。

智能计算机系统

　　智能计算机系统,是一个知识型的人工智能系统。所以,它必须具有一个理解语文功能的知识库。归纳能力和推理能力是人类自然智能系统的一个重要功能,因此归纳和推理功能的开发,也应是研制智能计算机系统的主要内容。

　　现存的计算机系统,主要是靠人来输入信息。将来我们也要给智能计算机装上眼睛和耳朵,让这些感觉器官能像我们的眼睛和耳朵一样,会理解信息和处理信息。要处理和理解图像、文字和声音等信息,也同样需要有大量的知识。有了知识和推理能力以后,计算机就能像我们人一样看到和听到周围发生的事情了。

　　为了干预机器的工作进程,必须能够把人的意图输送给计算机,并且被计算机理解和执行。此外,智能计算机系统还能根据环境条件的改变,按照以前定好的行动目标,灵活地运用知识,应时地改变自己的工作进程和行为特性,不断丰富自己知识库的内容。

　　联想是人类思维过程的基本特征之一,它反映了人类知识形成的内部结构,也支持着人类思想过程的高效率地实现,所以联想功能也是智能计算机系统的又一个主要特征。一个完善的智能计算机系统,人能够随时打断它的思路,掺进自己的意志。这样,人跟机器之间,就会经常地进行信息和知识的交换。

"约瑟夫逊器件"

在过去几十年间，硅半导体器件活跃在电子"舞台"上，给电子技术带来一次又一次的变化，今后它仍将活跃在电子领域中，并且还将起着重要的作用。然而硅半导体技术是有一定局限性的，目前科学家们又进行了镓—砷等新型半导体器件的研究。

虽然镓—砷半导体器件的性能较之硅半导体有了提高，并可以以高速度运转，但它与硅同样也有一定局限，因此科学家们不得不重新思考一种能够促进今后几十年电子计算机发展的新技术。幸运的是，这种新技术已经初露锋芒。这就是用诺贝尔奖金获得者约瑟夫逊的名字命名的"约瑟夫逊器件"。

约瑟夫逊器件使用了在接近几乎绝对零度(−270℃)的液体氦中冷却的金属合金板。当达到这一温度时，多数分子停止运动，金属失去抵抗电流的能力，而处于超导状态。将两片这样的超金属，像两张纸一样贴在一起，电流从两片金属之间的缝隙中流过，产生磁场，并将两片金属连接起来，从而启动开关。

尽管这种技术尚存在一些问题，但预计在不久的将来，可以用约瑟夫逊器件制造出一种体积更小的、速度更快、可以在温度极低情境下工作的电子计算机。

"三个兆兆"

"三个兆兆"即实现每秒兆兆次运算操作；兆兆字节存储容量；数据传输速度每秒兆兆字。这"三个兆兆"是超级计算机的1000倍。这种计算机有足够的速度和存储容量，能模拟若干最复杂的自然现象，例如模拟暴风雨的形式，预报10年乃至100年的世界气候。

多数专家认为，采用串行计算机的传统原理，即一个接一个地运算操作是不能达到"三个兆兆"的。应该用并行计算机代替串行计算机。这是说，首先把一个大问题划分为若干个小问题，这些小问题分别由最好的设计师来解决，最后设计出一种合乎人们愿望的超级机。整体并行的超级计算机由于大量的微处理机并列可以达到很高的工作速度。每个微处理机将逻辑开关电路、局部存储器和通信硬件结合在一个芯片上。所有的处理机同时接收由中央处理机发出的同一指令，完成自己的数据处理，这个原则叫 SIMD。即一个指令序列、许多数据。MIMD 是另一原则，即许多指令序列，许多数据。MIMD 原则比较灵活，它的每个处理机都可以获得自己的指令序列，但比 SIMD 复杂得多。

四维计算机

什么叫不完全信息处理呢?比如,我们在看书时,遇见个别生僻的字,会根据上下文及这个字的构造,猜出它的意思,因而不影响阅读,这就是不完全信息处理。

我们生活的三维空间加上"时间"这一维,被称为四维空间。现实世界中不完全的信息比比皆是。人的形象思维擅长于进行这种不完全的信息处理,例如在远处根据某种特征就能辨认出自己的熟人。因此模仿人的右脑工作的神经网络(神经计算机)将是组成四维计算机的重要部分。另外,因为计算的工作量非常大,因此将采用超并行超分散技术,就是把工作分给许多处理器同时来做,以提高运算速度。

四维计算机将由大规模神经网络(相当于 100 万个左右"神经元"的计算单位)和大规模并行机(拥有 100 万个以上的处理器)结合而成,

利用光元件来传送和处理信息的计算机。这种计算机能进行"柔软的信息处理",非常适合模式识别(如文字识别、声音识别、图形识别等)和联想记忆,还能很快得出最优解。因此这种计算机一旦实用化,就能做许多现在计算机做不到的事,能够像人那样进行形象思维方面的工作,开创出崭新的计算机时代。

光计算机

　　计算机俗称电脑，因为它是用电作为信息的载体，其实光也是可以作为信息的载体。从原理上说，同样可以通过对光信号的处理制成计算机，这就是光计算机。

　　光速是最高的速度，光束本身具有固有的并行性，即许多光束可以平行地行走而不互相影响。光信号即使靠得很近，也不会相互干扰。因此用光传递信息具有极大的优点，只是由于缺少具体实现的元器件，才使光计算机迟迟未能问世。

　　近年来计算机技术的发展，要求的处理速度越来越高，单靠元件性能的提高已难以满足要求，而必须采用并行处理技术。神经计算机的出现，使并行处理技术显得越发重要，因为它们用的神经网络就是靠大量神经元并行工作的。可以说，下一代的计算机一定是并行计算机。此外，集成电路密度越来越高，线路越来越靠近，电信号间相互干扰日益严重，希望改用光信号以彻底解决干扰问题，这一切使得对光计算机研制的要求越来越迫切。

　　另一方面，光通信技术取得明显进步，不仅达到实用水平，而且正开始进入大规模推广的阶段。它所采用的一些元件和技术，同样可用于光计算机中。光计算机的诞生已指日可待，只是由于通用的元件和结构问题还没有完全解决，才使得通用的光计算机暂未能面世，但各种局部专用的光处理器、光计算机已不断涌现。

发展量子计算机

计算机正以异常迅猛的速度往前发展。从 1985 年的 386 到 1995 年的 686，集成度已提高了约 20 倍。而且不久便会有线宽 0.25 和 0.18 微米的器件面世。

当然，要获得 0.25 微米和 0.18 微米的线宽，就要使用相应波长的紫外线激光作为光源。如要获得 0.1 微米以下线宽，则要使用 x 射线光源。

目前光刻用的掩模（相当于照相用的底片）上线路线宽比芯片上线宽粗 4～5 倍，然后通过透聚焦缩小后投影在芯片上。可是若用 x 射线便无法用透镜缩小，掩模线宽应该就是芯片线宽，这大大增加了掩模制造的难度。

因此现在集成度每前进一步都要花更大的代价。尽管在未来 10 年内，使用 x 射线和其他技术，还是能制造出包含 5000 万至 1 亿个晶体管、在 1000 兆赫下工作的微处理器。但是再往后，便要发展量子计算机。

量子计算机既指所用的微处理器是量子器件，又指它的计算过程将基于量子理论。

量子器件不仅体积小，而且能够实现更高的响应速度和更低的电力消耗，使电子器件这两个最主要性能指标有飞跃提高。它不仅将支持未来计算机的发展，还将带来整个电子技术领域的革新。

量子计算机的潜力

量子计算机除了所用器件同现有计算机不同外，其工作原理也不一样。由于出现量子效应时波的

模糊性质，使量子计算机具有并行性。而且从理论上说，波粒二重性有助于快速完成复杂计算任务。

此外量子计算机将更适合于进行模拟计算，例如，对构成爆炸星体内核的 40 个粒子，模拟其演化时间时，用现有的计算机需进行 1 亿亿次数字运算。即使用当前最快的具有每秒运行 1 万亿次能力的巨型计算机，也要运算 1 万亿秒，即 31 709 年才能得出结果。然而使用量子计算机时，利用激光来安排在离子陷阱里 40 个离子的行为，靠模拟计算只要进行 100 次量子作用，便可完成这一工作，可见量子计算机的巨大潜力。

早在 20 世纪 70 年代，国外科学家就指出量子计算机是可行的。1993 年，美国的洛斯阿拉莫斯研究所和贝尔研究所也都指出，量子计算机在完成实际任务时将比现在的数字计算机快。凡此种种，都在激发人们开发量子计算机的研究热情。当前国外主要在开发实现量子计算机的部件，并已取得可喜的成果，但是要真正实现量子计算机还要克服许多困难，还有许多技术需要探索、改进。专家们认为量子计算机是今后计算机的出路，人们一定会用某种方法把它制造出来。

游戏机与电脑

　　游戏学习机档次较低,它没有个人电脑那样大容量的内部存储设备,也没有和外部交换信息的标准设备,比如软盘驱动器等。许多售价几百元的所谓"学习机",直接采用普通电视作为屏幕输出设备。与其相反,个人电脑是一个完整的系统,由中央处理器、系统底板、内存、外部信息存取设备(硬盘、软盘等)、显示器、键盘等组成,而且个人电脑上一般都配置了相应的系统软件和应用软件。世界上的个人电脑基本上都按照开放的工业标准设计和制造,它是信息社会最重要,也是最强有力的交互处理信息的手段。专家们说过多次,个人电脑将带领人类进入 21 世纪。

　　即使不讲功能和作用上的区别,游戏学习机将普通电视机作为显示设备,也是非常有害的。每年暑假和寒假结束,许多家长惊呼孩子的视力大幅度下降了。原来孩子在假期里,没有节制地在游戏学习机上玩电子游戏。电视机设计的最佳视距为屏幕对角线的 5~7 倍,可是假期里,却有许多孩子在 1 米距离内,目光长时间地盯在屏幕上,造成眼球高度疲劳。

　　专家认为,孩子的时间也是一种不可再生的资源,他在小时候学习什么,对他以后的人生影响非常大,如果经济条件允许,还是给孩子买一台能够提供他在不久的将来驶入"信息高速公路"的个人电脑为好。

发展绿色电脑

　　绿色,象征着大自然,象征着生命,象征着健康。人们习惯将所有利于环保、不给人类健康带来损害的事物冠之以"绿色"事物。从这个意义上说,具备环保功能的电脑(主要指省电节能、无污染、可再生、符合人体工程学原理等)叫作"绿色"电脑。

　　随着电脑的普及和电脑用户的增多,人们已开始关注电脑对操作者健康以及对环境的影响了。从人体工程学方面看,长期在电脑终端前工作的人易患诸如腰酸背痛、肩疼、腕骨穴并发症等疾病。在外界光源、屏幕背景光线、屏幕跳动、屏幕发射光等的影响下,如果操作员长期近距离注视屏幕,就容易导致疲劳、近视、散光等症状。"绿色"电脑除了要符合人体工程学原理外,还把是否具有环境保护功能作为其标志之一。

　　据发达国家统计,目前电脑用电已占商业用电的 5%甚至更多,因此,电脑能提供节电功能的话,可以为社会节约许多能源,而节约能源是环境保护的重要内容。在"环保热"中,IBM 率先推出了"绿色"电脑。与普通电脑相比,"绿色" 电脑耗电只及一般电脑的 1/4,有的还能利用太阳能电池供电。机身用再生塑料制成,一旦电脑废弃,仍可制作其他物品,垃圾的减少也是有利于环保的。

电脑产生的垃圾

当现代人享受着信息时代带来的高科技优势时,其发展的负面已给人们带来贻害,那就是电脑垃圾,通常是指那些无用的信息。信息资料的流通与共享,无疑会对促进各国科学、经济及军事的发展起到积极的推动作用,然而科学在发展,信息数据库的容量也就随之增大,在过去看来先进而在今天看来已落后的数据库中的许多资料陈旧过时而且无用,这些信息侵占了计算机的大量容量,使人们在浩如烟海的资料中查询有用的资料时变得越发困难,检查时间也越来越长。

将电脑相互联网的开山鼻祖、计算机专家文顿·G·瑟夫无论如何也不会想到自己费力研究用于信息传输和资料共享的计算机联网,今天却给人们制造了另一种垃圾——计算机病毒。有关资料表明,全球每天有5种新的计算机病毒产生。一家计算机中有毒,只要你与之联网,那可恶的病毒就会找上门来,让你的信息内存面目全非。另外一些对计算机本身无害却干扰人们正常使用计算机的骚扰病毒也大量滋生,特别严重的是不法分子为了自己的私利使色情泛滥于电脑网络。

家庭电脑副作用

电脑对启发儿童的智力固然有其积极意义，但也产生一些弊病：玩电脑的孩子一半以上情绪变得急躁，多数孩子与教师和家庭的感情疏远。

长时间和电脑打交道，会有眼睛、肩臂、头颈疲劳，右手不能抬举，颈背酸痛俯仰不利等现象。据日本的一次调查，发现感到眼睛疲劳的占 83%，肩酸腰痛的占 63.9%，头痛和食欲不振的各占 56.1%和 54.4%。

许多孩子由于长时间注视荧光屏上的闪烁图像和字句，以致视线一旦离开荧光屏，竟会把白色的墙壁看成是黄色的，看人的形象也觉得模糊。

视觉系统受微波的作用，可使眼内保护晶状体透明度的维生素 C 和谷胱甘肽减少，轻则晶状体受损，重则可致微波白内障。

由于电脑中的微波对中枢神经系统的作用，还可能出现一些神经衰弱症候群，表现为头痛、全身乏力、易疲劳、易冲动、嗜睡或失眠、记忆力减退、注意力不集中等，所以使用电脑的儿童，每隔 1 小时应休息 10~15 分钟，要到室外活动活动，最好进行一些体育锻炼。

不要过早学电脑

我们已进入了电脑时代,许多做爸爸妈妈的为了让孩子赶上电脑时代的步伐,早早就让孩子学习电脑,以使他们拥有一种在未来生活中想取得成功必须掌握的技能,然而一些儿童教育专家并不赞同这样的做法。

瑞典的儿童教育专家比吉塔认为,电脑以外的世界更有趣味性,也更广阔。他说,尽管不少人不同意我的看法,但我还是认为掌握电脑以前,孩子有更多的事物需要学习和认识。对孩子来说,掌握电脑不是一件困难的事,何况学校也提供学生学习电脑的机会,所以我们大可不必在孩子只有四五岁时就急着给他买电脑。

研究人类大脑的科学家发现,儿童的大脑在 6~7 岁时就已经发育了80%。当儿童运用大脑时,大脑就会受到刺激而发育。这种刺激越早越好,应该从婴幼儿时期开始刺激孩子的感觉器官,让他们的大脑健全发育。

比吉塔认为,玩具是刺激儿童大脑发育的重要媒介。比如一个精心设计的小丑娃娃,其鲜艳且对比强烈的颜色能吸引儿童去看,进而刺激他们的视觉神经。如果娃娃肚子里装满了豆豆,当儿童触摸时就会发出声音,这能刺激他们的触觉和听觉神经,不管是视觉、触觉,还是听觉神经,刺激都会从最初的接触点,如眼睛、手指头和耳朵传到大脑去。大脑受到多刺激后会促使细胞分裂,刺激越频繁细胞分裂就越旺盛,大脑的发育也越健全。

"信息污染综合征"

现代社会是信息社会，由于电脑、通信卫星等新的信息传递工具接连在投入使用，使信息的数量出现了激增。

外国专家做了一个有趣的试验：让一个人每天收到几万张不同的传真照片，过不了几天，这个人就会患上偏头痛，久而久之还会患上胃病、心脏病，女性还会引起月经失调。这些由信息污染引起的症状，目前称之为"信息污染综合征"。

"信息污染综合征"，是在所谓信息爆炸情况下发生的，它是处于失控状态下的信息通过媒介传播，影响人们的身体健康。众所周知，日本的筑波是闻名世界的科学城。然而，在筑波工作的科技人员，常出现寂寞、心情压抑、沮丧、疲倦、紧张、精神压力大等一系列症状，有人称之为"筑波病"。原来，该病的发生，是由于科技信息日新月异、目不暇接，使一些人难以进行综合分析、研究判断，对超负荷的信息缺乏适应和承受能力，导致大脑皮质输入与输出平衡失调，从而出现一系列精神症状和心理不适。

值得注意的是，"信息污染综合征"尽管多发于信息发达的地方，但信息相对不发达的地区同样也会存在，因为这些地区的人们对信息的处理能力往往不及发达地区，故更容易造成信息污染。

电脑对视力的危害

据《洛杉矶时报》报道,美国加利福尼亚大学伯克利分校的配镜师詹姆斯·常德在一次全国性的调查中发现,视力问题是与使用图像显示终端有关的最大的身体疾病之一。大约有100万美国人患与图像显示终端有关的视力疾病。根据这项调查,与图像显示终端有关的主要视力疾病包括眼睛疲劳、头痛、视线模糊、眼干燥或发红、颈痛或背痛、畏光、复视和后像。当亮光照到电脑屏幕上就会产生反光,降低字幕的清晰度,迫使眼睛睁大才能看清。

那么,怎样改善工作条件呢?利用一块玻璃或高质量的塑料滤光器,避免使用网状或布制滤光器;屏幕应位于视线水平以下20度,屏幕与眼睛的距离应为41~76厘米,避免接受从头顶上照射下来的亮光,特别是荧光灯的光。此外,每隔大约10分钟,将目光从屏幕上移开

5~10秒钟;字母黑、底色亮的图像显示终端比较容易阅读;高清晰度的图像显示终端能减轻眼睛疲劳;熄掉一些灯或关上窗子,使房间暗一些,调整好窗与图像显示终端的角度,使其不直接面对窗口,也不背对窗口,用房间的分隔物将窗外光遮住。

电脑诱发精神病

有关专家报告了这样一个典型的病例：一位18岁的丹麦青年每天长达12~16小时与电脑做伴，无心顾及朋友与社会交往活动。虽然开始时他用计算机语言思维，能忍受着失眠和焦虑的痛苦，但最后竟不能自拔，无法从计算程序回到现实生活，而被作为精神病患者送进医院。

电脑具有很强的逻辑性，这既是优点也是缺点。它作为一种"逻辑的机器"仅能处理数据化了的资料，而对于外界变化的事物和现象，只能靠人去观察，无法通过电脑来显示。长期学习电脑的人，由于被已经数据化了的事实困住了自己的兴趣、精神，所以很难有意识地努力觉察外界。

据专家们研究分析，上述这种精神病的发生，可能是由于电脑与操作人员之间的正负离子失去平衡，致使人体内的一些生理活动性物质受到影响，从而造成了精神生活障碍。加上电脑中的微波对中枢神经系统的影响，还可能出现一些神经衰弱症候群，表现为头痛、易疲劳、嗜睡或失眠、记忆力减退、注意力不能集中等。为了加强对可能出现的"电脑后遗症"的防范，电脑操作人员要注意劳逸结合，经常参加户外体育活动，定期检查身体，以便及时发现问题，及时治疗。

"计算机综合征"

在日本,有相当数量的国民,只要一听电子计算机这个名字,就会产生莫名其妙的恐惧,许多人为了摆脱电子计算机的纠缠,不得不放弃高薪聘请,致使企业只好派出大量的产业精神病医生整天到装有电子计算机的工作地进行巡诊,以随时对因电子计算机引起的精神异常者进行治疗。

我国医学工作者也发现,一些长期工作在电子计算机世界的人,有的人只要一见到计算机就会产生厌恶之感,轻则精神疲倦神情恍惚,重则郁闷不乐、思维迟钝。医学专家认为这种病的产生是由于电子计算机代替了人工劳动,人们一时难以适应这种高智能的工作方法之故。因此,专家们有意识地称这种病症为"电子计算机综合征"。

"电子计算机综合征"还表现为另外一种异乎寻常的狂热,这种狂热会随着接触时间的延长而消失殆尽,最终被厌恶、恐惧和抗拒心理所取代。

电子计算机显示终端作业,是一种精神高度集中的脑力劳动,需要脑、眼、手同步的巧妙配合。美国《华盛顿邮报》载文说,很多工作在计算机终端前的人抱怨他们的眼睛受到了损害,共同点是头痛、视线模糊、眼睛刺痒、发烧等。有人持续几天,眼前出现暗背景下衬托的绿影,或是将白色字母看成浅粉色的。

预防"计算机综合征"

有关专家认为，"电子计算机综合征"有的是计算机终端本身引起的，有的却是工作时的姿势和紧迫感造成的。专家们认为，在改变了工作方法后，绝大多数问题都能得以克服。例如，当你紧张地盯着终端不眨眼地工作时，眼睛就很容易感到疲劳，
受刺激。眨眼可以帮助你保持眼球表面的润滑，防止出现刺痒等不适的感觉。

为了改变眼睛在工作中出现的症状，使用计算机终端时应注意：坐姿要舒适些；眼睛离终端 30～50 厘米，屏幕低于眼水平面约 20 度（约在胸部位置）；在屏幕同等距离处可放参照物，随时提醒自己与终端保持距离；用窗帘、可压低式台灯等调节室内光线，以避免屏幕耀眼；不要忘记眨眼睛；假如双焦距眼镜使你感到脖子位置不舒适，可试戴近中远三焦距的眼镜，这样你就可以看清任何距离的物像了；每工作两小时休息 15 分钟，做高度紧张或重复的工作时应每小时休息一次。

除此以外，主机的键盘部、工作台、工作椅等附属设备与操作者的关系十分密切。工作台和椅子的高度不合适、工作时间过长、键盘操作较多等因素的影响，可引起指关节、肩、颈、背等部位的疼痛、肿胀、麻木等症状。这就要求工作人员有一个合理的操作姿势，座椅高度根据个人身体状况予以调节，充分利用休息时间进行健身操锻炼。

家电网络

　　未来的家庭,网络的含义将不仅仅是电脑网络,而是一个全新的家电网络。目前,国外已经能够把声音、数据和图像聚合在一条线路中,并且进行双向传递。也就是说,将来你家中只需拉一条线就可同时解决打电话、看电视、上网,做到"三网合一"。而电视数字化是"三网合一"的重要环节,只有将声音、图像转化为数字信号才有可能实现这一设想。网络化电视是数字电视的进一步延伸,是未来家电的代表。网络电视采用数字技术与家用电脑连接,可将目前互联网上的各种信息显示到彩色屏幕上,观众通过网络电视,可以观看数百个电视频道。另外,使用者无须进行专门训练,就算不懂计算机,甚至不会使用鼠标和键盘的人,也可以利用网络电视上网漫游。网络电视最诱人的地方,便是用户可以在网络和电视之间任意选择、切换,灵活方便,这极大地满足了电视迷与网虫集于一身的人群,届时,人们可以像在餐馆里点菜一样选择电视节目。

　　家电网络不仅仅使电脑、电视、电话联成一网,在真正的网络时代,电冰箱、洗衣机、微波炉都会成为家电网络的一部分。到那时,你不会再担心午饭没人做了。冰箱会定时给微波炉传送不同的食物,并"告诉"微波炉需要加热多长时间。

超级电脑网络

超级电脑网络是指主要由美国以及其他发达国家的数百万个计算机用户通过电话线路联结形成的一个庞大体系,其主要信息和数据来源是拥有计算机系统的美国和其他发达国家的大学、研究机构或政府部门的计算机系统。

超级电脑网络联结着主要发达国家和相当数量的发展中国家的众多网络的人数达上百万。

超级电脑网络服务项目广泛。提供信息资料便是超级电脑网络服务的主要内容。其中既有各大学图书馆、研究机构向网络提供的电脑化文字资料,也有各公司、政府部门、非政府机构、政治集团及一般民众向网络提供的信息材料。"世界通联网"技术使得超级电脑网络可以提供多媒体信息,进行声音、图像信息包括电影信息的传播。

电子邮件也是超级电脑网络服务的项目之一。网络使用者可通过电脑系统将在电脑上打出的信件传送到网络范围内的世界各地。电脑用户还可通过网络对某一话题展开讨论,交流信息。该活动影响甚广,也是超级电脑网络获得如此声誉的一个主要原因。讨论的话题范围广,几乎无所不包。

黑客作案方式

假冒欺骗——一般采用源IP地址欺骗攻击，入侵者伪装成源自一台内部主机的一个外部地点传送信息包，这些信息包中包含有内部系统的源IP地址。

数据截收——特洛伊木马是黑客惯用的伎俩，他们使用自己编写的一段程序诱导用户输入正确密码然后截取。这是一种常见的方法，很多网上间谍，黑客正是截取大量的信息包，加以分析解密，还原信息得到合法的密码，所以企业在进行电子邮件往来或与国外公司作资料传递时，应特别注意黑客或解密族的偷袭。

深藏不露——这种黑客由竞争对手厂商派出，以新人面试方式进入对手公司，了解到该公司内部网的用户识别码、密码、传递方式以及相关机密文件资料后，再离职回到原公司，侵入新公司网络内做全面的浏览。

定时炸弹——这种黑客大多是任职时受公司老板压制，或对原公司制度极不满意，由于非常了解公司网络运作方式，故在其离职前已先将该电脑软件程序非法植入定时病毒或对程序作了修改。有的操作人员修改了公司人事管理程序，一旦发现公司人员数据库中没有了自己的名字，隐藏的程序立即摧毁计算机软件系统。

恶作剧——这种黑客喜欢进入他人网址中，以增加一些文字来显示自己高超的网络侵略技巧。

黑客侵犯的范围

电脑黑客是指那些未经授权而侵入他人计算机系统的人。

严格来说，真正的黑客突破系统以后不破坏系统，而是在原系统留下自己进入的标记以后，不再进行干扰。黑客的计算机技术一般操作人员无法比拟，他们以漂亮、简洁、完美的编程引以为自豪，以发现系统级别的缺陷为乐趣。他们研究的范围一般在"突破"网络系统、长途电话系统、加密系统、信用卡识别系统、计算机病毒、无线系统以及身份识别系统等。

近年来，形形色色的电脑黑客，带给计算机用户的麻烦是触目惊心的，有时简直称得上灾难。

据美国联邦调查局统计，一起计算机犯罪案件的平均损失是 50 万美元，全年因计算机犯罪所造成的损失高达 75 亿美元。近年来通过计算机网络入侵盗窃工商业机密、信用卡伪造犯罪、修改系统关键数据、植入计算机病毒、独占系统资源与服务等，给全球造成了极大的经济损失。

网络化的影响

今天，人类正在进入信息时代，跨入网络化社会。以计算机、通信和信息技术为支撑的网络将成为联结未来信息社会的纽带。各种网络将把世界上各个国家和地区联为一体，形成"地球村落"，促进人类的共同发展。全球将形成一种崭新的信息与通信网络系统，它能以更快的速度传送和处理数量日益增加的数据、信息和知识。对于人类社会来说，这是一种前所未有的科技革命，将严重影响和改变人们的生产方式、工作方式、生活方式和竞争对抗方式。

网络影响巨大。网络化使远程观测、远程信息反馈、遥距控制、复杂市场的多方面跟踪监测成为可能，工业社会时代的流水线生产方式将被设计研制、施工生产、销售一体化的"并行工程"生产方式所取代，人们可以根据自身的需求，生产出个性化的产品。人们的工作和生活方式也将大大改变。家庭将再次成为社会重要的工作和生活单元，作为网络上的一个节点参与整个社会的运作。

据了解，目前互联网，这个世界上影响最大、用户最多、信息资源最丰富的跨国界的计算机网络，已同 100 多个国家和地区的计算机网络连接。可以预见，犹如人类开掘运河、修筑铁路、公路、高速公路和发展航海、航空业一样，网络将进一步把地球变小，并将世界上的万事万物尽收网中。

网络化带来威胁

据统计，现代经济发展与增长，有 40% 多来自于信息产业的贡献。以信息产业最发达的美国为例，在工业制造业方面，由于实现了生产自动化和网络化，现在制造业产值的 40.4% 来自信息产品的附加值。

网络化对经济的影响最突出的反映在国际金融和商业贸易领域。在金融领域，资本流通可通过网络跨越国界，各地的金融信息几乎能立即传遍全世界；在商业贸易领域，国际贸易、国内贸易和家庭采购都可以在网络上进行，通过电讯网络完成商品的生产、改进、订购、销售和支付的网络贸易将飞速发展，未来 10 年，全世界国际贸易将会有 1/3 通过网络贸易的形式来完成。所以说，知识经济、网络经济必将成为 21 世纪的经济发展主流。

但是，不可忽视的是，网络化也会对国家经济安全带来一定程度的威胁。敌对国家可能通过入侵和破坏国家信息网络对银行、证券交易所、空中交通管制、电话、电视、电力网等网络进行打击和破坏，从而能造成国家经济瘫痪；不法分子可以通过电脑网络侵入私人和公司的电脑资料库，窃取、涂改并毁坏电脑里面的贸易资料，电子邮件、商业情报及合同文件等，给被侵略者造成破坏性打击。因此，必须采取相应的预防性措施，以消除网络的脆弱性可能给经济安全带来的影响。

建立"智能网络"

回顾计算机发展的历史，人类走过了两个重大的计算阶段。第一个阶段是"以大型机为中心的计算阶段"，这种计算模式的最大特点是"集中"。

20 世纪 80 年代个人电脑的兴起，使我们进入了第二个电脑重大发展阶段，由集中计算模型转向分布式计算模型，这种模式就是现在广为流行的"客户机／服务器计算模式"。

进入 20 世纪 90 年代，随着网络技术的发展，我们开始进入"网络计算"的时代。在这种模式下，PC 机上的许多功能可以转移到网络上，如数据、外部存储设备，甚至某些处理能力，都可以通过网络来完成。为了与以前的网络相区别，人们称它为"智能网络"。

企业建立"智能网络"的好处是：电脑不用忙着升级了，只需订购网络上更高一级的计算能力（系统软件）即可；使用者不必关心操作系统是怎么回事，也不用到处求购应用软件，因为可以从网络上直接获取这些软件；用户也不必担心自己电脑的存储容量不够大，网络可以提供无限大的利用潜力。此外，还可以大大加强各个 PC 机间的通信联系，促进人与人之间的交流。因而，网络计算又被专家们称为"人类计算史上的又一次飞跃"。

网络对青少年的危害

　　家长们怀着一种美好的初衷,使家庭电脑入网,引进尖端科技好进一步推动家教进程,让孩子学到更多的新知识,可这既先进又科学的互联网却成了无所不包、无法控制的"隐形炸弹",甚至威胁着青少年的身心健康,将他们引入歧途,甚至走上犯罪之路。

　　也许科学家在发明互联网时,并没有想到会对下一代构成什么威胁,但事实上弄得不好就会使青少年玩火自焚,其危害性极大。因此,警惕青少年"网上"迷路,应该引起我们社会、学校、家长的高度重视。专家认为,对社会上开办的网吧应该强化管理,坚决堵塞一些"有问题的网址",净化网上环境,让青少年在网上健康玩乐。学校要向学生经常宣传,教育学生禁止在网上观赏不健康的内容,或玩赌博游戏。家长要引导孩子增强防范意识,要定期对家中的电脑网络"洗澡",清洗并过滤掉网上污秽。对于在网上借交友之名,行不轨勾当之人,要掌握事实借助法律武器予以打击。

控制上网时间

随着互联网的不断普及，互联网综合征也随之蔓延开来。在许多年轻人的脑海里只有一件事，那就是神奇美妙的万维网。他们的双眼紧紧地盯着屏幕，十指不停地在键盘上移动、敲打，除了睡觉、吃饭和上厕所以外，他们从不离开心爱的计算机，在这些人的心目中，无论如何也不能抛弃这个亲密无间的伙伴。他们可以辞去满意的工作，可以抛弃身边的亲人，可以把自己关在屋子里与世隔绝，但他们绝不能没有互联网。这些人就是互联网痴迷症或互联网综合征的受害者。

有人研究认为，网上娱乐一旦成瘾，则与沉溺赌博、吸毒等瘾症无异。

专家指出，电脑瘾正无声无息地钻入使用电脑的家庭之中，使用者一般不容易警觉。因为大家认为这是一部电脑，不会造成伤害。殊不知一旦变成重瘾，上网之后就很难退离网络，想把电脑关机就如同戒毒一样难以断根。专家认为，禁止某些人上网虽然不是减少或避免此病的唯一途径，但至少可以劝告那些身体虚弱和情绪不稳定的年轻人尽量不上网或少上网。专家还认为，网上娱乐时间不宜过长，一般1～2小时为宜。儿童、青少年正处于成长发育时期，一旦成瘾，后患无穷，家长更应从严控制。

"网痴"

　　美国匹兹堡大学心理学家金伯利·扬格在对 396 名"国际互联网络痴癖者"的上网习惯进行调查后指出：又一种由电脑引发的精神障碍——"网痴"患者正日益增多。接受调查的"网痴"中女性的人数比男性多出了两成。其中一半的受访者是没有固定收入的家庭主妇、学生，只有 8% 是从事软件编写、系统分析或工程的高科技专业人员。扬格说："凡是有心理学问题的'网痴'，上网的目的多是寻求社会的支持和创造一个虚拟的人格等。"

　　扬格总结了衡量"网痴"的 10 项标准：下网后总是念念不忘网事；觉得需用更多的时间上网获得满足感；无法控制用网；少用网就会浮躁不安；上网逃避难题、无助感、忧虑或沮丧；向家人或朋友撒谎，掩盖频频上网的行为；为了上网而宁愿失去重要的关系、职业或学业；不惜支付巨额的上网费；下网后立即有疏离感以及上网时间大大超过所需的时间。扬格提出：在 1 年内有上述的 4 种或者更多的表现者为"网痴"。

　　扬格声称："在计算机互联天地里，害羞者变得开朗主动，垂头丧气者变成积极者，孤芳自赏者也喜欢与别人打交道了。"然而，一回到现实生活中，这些"网痴"就会变得更加的孤僻，更不想与人打交道，严重者因此宁愿放弃家庭和事业。

互联网游戏瘾

　　美国匹兹堡大学研究人员称，在互联网上冲浪可能像抽鸦片、饮酒，或者赌博一样叫人上瘾。

　　研究人员在对将近 400 名男人和女人的调查中发现，互联网络瘾使一些人每周在网上冲浪的时间达 40 小时以上，其中大部分时间是用来做在其中充当角色的那种游戏或闲聊。一个 17 岁的男孩对互联网络活动如此上瘾，以致他的父母不得不把他送进一家戒毒戒酒康复中心进行为期 10 天的治疗。

　　一位朋友、家人和孩子都说她是一个典型的家庭妇女、好妻子和好母亲的人，也逐渐迷上了互联网络，竟然到了不愿做饭、打扫卫生或者洗衣服，甚至对其子女和丈夫漠不关心的程度，她每天在互联网络上同老熟人闲谈 12 个小时。最后她丈夫说："你是要我还是要计算机。"结果她同他离了婚。

　　匹兹堡大学美国心理学家金伯利·扬格发现，这次调查中 76% 的调查对象每周平均花在互联网络上的时间达 40 小时。其中 396 人符合扬格对互联网络用户划定的上瘾标准，其中 157 名是男性，230 名是女性，男性的年龄低于女性，平均年龄 29 岁，而女性的平均年龄为 43 岁。

　　对互联网络上瘾的人数最多的群体是不在外面工作的那些人，即家庭妇女、学生以及那些残疾人或退休在家人员。

多媒体技术

多媒体技术是集声音、视频、静止图像、动画等各种信息媒体于一体的信息处理技术，它可以接收外部图像、声音、录像及各种媒体信息，经计算机加工处理后以图片、文字、声音、动画等多种方式输出，实现输入输出方式的多元化，改变了计算机只能输入输出文字、数据的局限，计算机开始能说会唱起来。

一台标准多媒体计算机包括主机、带音频视频功能显示器、声像输入输出装置、通信与控制端口、只读光盘驱动器、多媒体操作系统及应用软件。多媒体计算机与现代通信技术的结合构成了多媒体通信。

多媒体技术是一门综合性技术，它融半导体技术、电子技术、视频技术、通信技术、软件技术等高技术于一体，保持了其以电子技术为基础，应用又涉及其他多项高技术的特点。它将涉及众多的产业，军工、科研、教育、信息咨询业到传播娱乐业等几乎所有产业，人们称多媒体产业为"大众产业"。

多媒体技术有两个显著特点：首先是它的综合性，它将计算机、声像、通信技术合为一体，是计算机、电视机、录像机、录音机、音响、游戏机、传真机的性能大综合；其次是充分的互动性，它可以形成人与机器互动、人与人、机器间的互动，互相交流的操作环境及身临其境的场景，人们根据需要进行控制。

多媒体技术应用

　　多媒体技术进入实用阶段,要解决四个主要问题:要求采用比较复杂的压缩和还原技术;有比较高的实时要求;要求高速传输网络;要求很大的存储空间。20世纪90年代电子技术的迅猛发展,为多媒体应用提供了条件。数字信号处理器(DSP)技术上突破和价格降低,压缩和还原技术取得突破;视频和音频实时处理技术获得进展;宽带大容量光纤网的出现,提供了可传输多媒体信息的高速网络;各种新的存储介质如磁光盘(MO)、只读光盘驱动器的出现,为多媒体信息制和存储提供了便利的工具。这些技术的进步使得多媒体技术进入实用阶段。

　　多媒体技术正朝人类迎面走来,这一潮流的发展主要得益于几个方面:多媒体功能不断增强、价格日廉的高速个人计算机的出现;图形图像等多媒体操作环境的普及使普通人也能进行节目制作;越来越多的人开始消费多媒体产品。目前,多媒体技术比较成熟的应用有:影像处理与传输,交互式学习,工程设计,建筑设计,音乐作曲和音乐编辑,服装设计,美术设计,装潢设计;正在进入实际应用的有新闻采集、视频会议。电视节目点播和电视购物处于初期应用阶段。但在商务领域的应用仅局限于培训、教育以及一些较狭窄的应用。专家认为,到目前为止还没有一种突破性进展能驱动多媒体技术进入大众消费,但种种迹象表明,多媒体应用的普及已为期不远了。

多媒体电脑

电子计算机是一种基于"二进制"语言的信息表达技术。它可以处理文本、程序、图像等信息对象，包括声音（AUDIO）和影像（VIDEO）等各种信息表达模式。由于计算机技术的发展，每秒钟能够执行 1 亿条左右指令的 486D×2-66、奔腾和 POWER-PC 等高速微处理器都已诞生，使得电脑能够流畅地处理声音、活动的图像。就是在这种先进的微处理器的基础上，一种时下最为尖端的高科技产品——多媒体电脑顺利地发展起来了，成为当今人们讨论和研究的热点和焦点。

一般地说，多媒体电脑是指配置有高速微处理器、1G 或者更高的内存、只读光盘驱动器(DVD-ROM)和立体声音箱的计算机系统。电脑上运动着具有非常突出的交互性的光盘版教学软件，学生随时可以得到诸如情景语言对话等训练。

这种电脑有利于开阔人们的视野。因为任何人都可以通过它查阅百科全书，不仅速度快，而且可以随时调阅照片、视频图像。多媒体电脑还是娱乐的最好工具。只要在电脑上增加一块电影回放卡，它就可以做交互式游戏，播放音乐，放映多部电影。

电子出版物

　　电子出版物是指以数字代码方式将图、文、声、像等信息编辑加工后，存储在磁、光、电介质上，通过计算机或者具有类似功能的设备读取使用，用以表达思想，普及知识和积累文化，并可复制发行的大众传播媒体。

　　电子出版物自 20 世纪 80 年代初问世以来，在世界各国发展迅速，已成为一新兴产物。它正把越来越多的人从图书馆里、书桌旁拉到了计算机屏幕前，它对传统的书籍、报纸、杂志、音像制品产生强烈冲击。

　　无论你想查查《大英百科全书》《牛津百科全书》中对某一词条的解释，还是想随意欣赏一部古今中外名著；无论你是要了解一个国家或地区的历史，还是某一名人的生平；无论你想查找某句古典诗词的出处，还是研究世界电影的发展历程，如今都可以足不出户地坐在计算机前便解决了，而提供你这些信息材料的只是面前的几张薄薄的光盘。从前要一头扎到图书馆干上几天的事，现在只要轻轻松松地敲几个按键便迎刃而解，无论从时间上还是精力体力的消耗上，电子出版物都为我们省去了许多许多。

电子出版物的特点及优势

　　与传统的纸质书籍相比，电子出版物最大的特点和优势就是存储量大。从软磁盘发展到今天普遍应用的只读光盘(CD-ROM)，电子出版物的发展极为迅速，目前一张只读光盘甚至可以存几千万甚至上亿的汉字，一张光盘几乎可以容纳你所知道的所有世界名著，而一部百科全书则只需几张光盘便足够了，可以说每一张光盘都可抵一个书架。

　　电子出版物的另一个特点是媒体的多样化。随着计算机技术的发展和多媒体的推广，电子出版物集图、文、声、像于一体，综合全面地提供给阅读者。

　　电子出版物具有人机交互对话的功能，在阅读使用过程中，阅读者需要在计算机上输入一定的指令才能进行读取，达到输出的目的。在电子出版物中，我们可以与书的作者对话，也可以与书中的主人公对话，甚至可以参与到书中的故事中去，左右情节，在教学软件中还会随机出现各式习题、作业来由使用者解答。

　　此外，电子出版物还具有索引方便、查找快捷、可操作性强，在各类出版物中价格较低等许多传统纸质书籍不具备的优势。

电子出版物不会取代书籍

电子出版物与传统的纸质书籍相比,具有很多特点和优势。那么,电子出版物能不能完全取代书籍呢?

几乎所有的业内人士都认为,尽管现在电子出版物异军突起,并对书籍特别是音像制品有所冲击,但传统的书籍永远不会像竹简一样成为历史的。

专家认为,相对于书籍,电子出版物必须在专用的计算机或类似机器上使用,不能单独携带随时随地阅读,而且还要受电源等条件的限制。另一方面,抛开荧屏辐射等因素不说,单是通过计算机屏幕阅读也远不如看书来得舒服。几乎所有人都有这样的经历:劳累一天后在晚上半躺在床上看几页自己喜欢的小说,从而在书中的故事情节中悠然入梦,而目前看电子出版物却很难给人以这种舒适感。

电子出版物的普及推广对书籍的发行销售造成的影响并不大,还出现了一本书由于电子版的出版发行,从而促进了该书销量大增的现象。有些人在光盘上了解到一本书后,进而会到书店买一本书回家仔细阅读。专家断言,传统的纸质书籍将不会被取代,它将与电子出版物、音像制品等长期共存,互相补充,共同丰富人们的文化生活。

"电子政府"的内涵

从世界范围来看,推进政府部门办公自动化、网络化、电子化,全面信息共享已是大势所趋。联合国经济社会事务部把推进发展中国家政府信息化作为 1999 年的工作重点,希望通过信息技术的应用改进政府组织,重组公共管理,最终实现办公自动化和信息资源的共享。而在世界各国积极倡导的"信息高速公路"的五个应用领域中,"电子政府"被列为第一位,其他四个领域分别是电子商务、远程教育、远程医疗、电子娱乐。

近年来,欧美日等一些国家为提高其国际竞争优势,相继推出国家信息基础建设,并规划用网络构建"电子化政府"或"连线政府",并以更有效的行政流程,为人们提供更广泛的、更便捷的信息及服务。

电子化政府最重要的内涵是适用信息及通信技术打破行政机关的组织界限,建构一个电子化的虚拟机关,使得人们可以从不同的渠道取用政府的信息及服务,而不是传统的要经过层层关卡书面审核的作业方式。而政府机关间及政府与社会各界之间也是经由各种电子化渠道进行相互沟通,并依据人们的需求、人们可以使用的形式,提供给人们各种不同的服务选择。从应用、服务及网络通道等三个层面,进行电子化政府基本架构的规划。

"电子政府"的应用

"电子政府"的应用将主要体现在以下几个方面：

电子商务：在以电子签章(CA)及公开密钥等技术构建的信息安全环境下，推动政府机关之间、政府与企业之间以电子资料交换技术 EDI 进行通信及交易处理。

电子采购及招标：在电子商务的安全环境下，推动政府部门以电子化方式与供应商连线进行采购、交易及支付处理作业。

电子福利支付：运用电子资料交换、磁卡、智能卡等技术，处理政府各种社会福利作业，直接将政府的各种社会福利支付交付受益人。

电子邮递：建立政府整体性的电子邮递系统，并提供电子目录服务，以增进政府之间及政府与社会各部门之间的沟通效率。

电子资料库：建立各种资料库，并提供人们方便的方法通过网络等方式取得。

电子化公文：公文制作及管理电脑化作业，并通过网络进行公文交换，随时随地取得政府资料。

电子税务：在网络上或其他渠道上提供电子化表格，使人们足不出户即可实现从网络上报税。

电子身份认证：以一张智能卡集合个人的医疗资料、个人身份证、工作状况、个人信用、个人经历、收人及缴税情况、公积金、养老保险、房产资料、指纹等身份识别等信息，通过网络实现政府部门的各项便民服务程序。

电脑与"精确种田"

美国明尼苏达州卡德伍顿的唐·博特盯着他的计算机，计算机屏幕上显示着一幅他的 28 公顷(1 公顷≈0.01 平方千米)农场上玉米和大豆地的图像，并且精确地告诉他每公顷土地所需要的化肥量。使人感到意外的是，46 岁的博特将计算机安装在他的拖拉机驾驶室的方向盘和挡风玻璃之间。到了春天，博特还购买了一台接收器，从附近的一个发射塔接收无线电信号，这种接收器还能解读卫星信号，使博特知道他在地球的什么地方。接收器接收的信号将告诉博特目前他所在的土地需要多少化肥，然后通过计算机控制自动播撒适量的化肥。

博特是被称为"精确种田"革命的第一次浪潮的代表。这种"精确种田"方法使用较少的杀虫剂和化肥，从而减少污染，增加收益。农民欣然接受了重型机器和化肥之后，现在正将计算机和卫星增加到他们的装备中来。

"精确种田"不是将一个 32～240 公顷的农场看作一块清一色没

有区别的土地，而是将土地分成数十个小块，把这些小块土地当作一个农场进行微观管理。每一块 0.8～2.0 公顷的矩形土地的土壤都经过严密的分析确定其组成、所需营养和施用有机肥料的情况，安装在联合收割机上的监视器记录每一片地的产量。

模拟农作物生长

计算机不但能够帮助农民"精确种田",还能够模拟农作物生长。比如,猕猴桃蔓渐渐萌出、抽芽、开始生长,直到叶子展开、花朵绽放,结出果实,整个一年的生长历程都被浓缩在不到一分钟的时间里,在计算机的屏幕上播放出来。

要将这种计算机模式受益于现代农业的工具还需要做很大努力,但它尝试了用计算机对植物的生长和构造进行三维模拟。这一最新进展可能改变作物的栽培方式,它甚至还可显示未来的作物具有哪些最令人满意的性状。

新西兰霍特研究所制作这些虚拟猕猴桃画面的加思·史密斯预言,总有一天,计算机将成为农民们保持竞争力的不可缺少的手段。

目前,这类研究大多由新西兰、澳大利亚、法国和加拿大的研究机构同美国、英国等国家的团体合作进行。所有研究机构都在着手解决某些问题,而这些问题的答案就在于作物的三维结构。例如,在新西兰,果农们热衷于增加出口,因此研究人员正在研究水果的味道是怎样依其在植物上生长的位置而不同的。在澳大利亚,棉农们正在寻找既能对付害虫又不危害环境的办法,于是研究人员着手研究作物的形状改变是如何通过消除害虫的藏身处或觅食途径来对付虫害的侵扰。

电脑防治病虫害

有一年，非洲乌干达暴发了蝗虫灾害，数不清的蝗虫飞行在空中，组成一个宽达10千米，长有几千米的方阵，好像乌云一般，遮天蔽日，席卷大地，所到之处，庄稼被毁，颗粒无收。

为了防止这种悲剧的重演，联合国有关组织决定拨出专款，组织一批专家研究对策。他们先调查了这场蝗灾的发展过程，仔细收集了有关资料，例如蝗灾开始发生的地点，爆发虫灾前这一地区土壤中虫卵的分布，影响虫卵孵化发育的水和温度等气候因素，因为这些情况直接关系到能否形成一个蝗虫群体。另外，在蝗虫一路扫荡的过程中，所需食物的种类。专家们先把这些资料整理归类，进行初步分析，然后再把这些初步加工过的资料输入电脑，由电脑进一步作出精确的分析，获得爆发这次蝗灾的必要条件以及影响蝗虫蔓延路线的决定因素，使这场灾害的来龙去脉清晰地显示出来。由于有了这样科学的调查分析，专家就将这些宝贵的情报资料编成电脑语言储存起来，在蝗虫可能爆发成灾的季节里，根据各种环境，由电脑预测蝗虫成灾的可能性，防患于未然；或者在蝗虫成灾的初期，通过卫星的侦察，将获得的情报输入电脑，预报蝗虫活动的路线、趋势，使有关国家尽早采取措施，控制蝗虫蔓延所带来的危害。

适当控制害虫数量

　　电脑不但能为扑灭蝗灾提供确切的依据,而且还能为适当保存某些害虫出谋划策。农业害虫为非作歹,破坏农作物的生长,怎么还要适当地保护它们呢?原来,在人们用化学药物灭虫之前已有一大批小生物在悄悄地为人们除害兴利了,这些小生物是害虫的天敌。例如,草蛉是棉铃虫、蚜虫的死敌。害虫的天敌存在是有重要意义的,然而天敌的存在必有一定的食物来源,它们的食物就是害虫。如果人们滥用农药,不仅会在消灭害虫的同时误杀了有益的昆虫,同时过多地杀灭害虫,也会使天敌失去最低限度的食物来源,闹起"饥荒",难以生存。一旦害虫有朝一日"东山再起",由于失去对立面的抑制作用,害虫就会重新兴风作浪,造成更严重的危害。农业科学认为,控制田间害虫的数量,使它们保持在一定水平之下是经济的、科学的。但是,究竟如何掌握这个标准,就不是件简单的事情了,这必须考虑田间害虫的分布,越冬卵的数量,当季作物的生产状况,天敌生长繁殖的条件等。过去人们凭借经验来估计掌握,很难做到准确、科学、合理,现在只要将各方面的资料输入电脑,由电脑进行综合分析,它就会告诉人们某种作物在某个

生长时期,田间害虫数应控制在什么水平之下,才不会给农作物的生长带来经济损失,而且还能使天敌昆虫维持一支有威慑力的"常规部队",有利于控制害虫的大爆发。

数字相机

与传统相机不同的是，数字式相机不用胶卷，而代之以传感发送器。数字相机上装有一个或几个传感器，传感器实际上是一块装满聚光器的硅片，它能把投入镜头的光能转化成电能。照相机内有一个负责处理图像的电路，它能把图像的每一点进行分析，转化成数码并进行压缩。经过这一处理，图像信息便成了"0"和"1"，可以方便地储存在机内的存储器上(内存)或存储卡里(外存)，如 PCMCIA 卡。

要想观看机内拍摄的相片，只要把它与电脑接通即可。电脑上所安装的特殊软件可以接收照相机内的信息并储存起来，也可以在显示器上显示出来。

数字式照相机有许多优点。使用胶卷的传统相机，在拍摄完之后需要长时间的冲洗过程。使用数字式相机便不再有这种烦恼。你一照完相就立即可以在电脑中看到拍摄到的画面，而且画面可以修改、复制，直到完美无缺。

如果你想把所拍摄的相片传到千里之外，那也是再简单不过了。柯达公司在自己的互联网络网址上专门设置了一种程序，用户可以通过它来发送电子明信片。当你在规定的格式内做好明信片后，只要按一下发送键，电子信息便可以迅速传递到你想发送的用户手里。

使用电脑作曲

现在创作一首乐曲,可以不用请乐队和指挥,不用在音乐厅排练,不用去录音室录音,可以由作曲家一人在家里用电脑制作出来。

过去需要几十个人花好几天才能完成的事情,现在只需一个人花几个钟头就制作出来了,这就是现代科技给音乐创作带来的巨大变化。

中国的电脑音乐制作技术是由一批爱好音乐的电脑工程师介绍给音乐界的,从20世纪90年代开始,电脑音乐在广播、电视及其他媒介中逐渐应用起来。近几年,作曲家们也逐步开始运用这项技术,并从开始对它感到神秘、新奇,逐渐发展到能够得心应手地应用这一现代化手段进行音乐创作。

电脑音乐系统对作曲家来说,不仅仅省去了谱纸和钢笔,主要是它代替了乐队的演奏和音乐的录制过程,电脑音乐的全部信息可以存放在一张薄薄的软盘上,可以用它与国内外进行作品交流或交换。而且,存放在软盘上的音乐与普通录音磁带不一样,可以对任何部分进行修改,速度可以调整,音色可以更换。由于这种信息是以数字方式保存的,所以能方便地进行移调,在创作歌曲伴奏音乐时可以任意改变调性。

电子信箱

电子信箱系统是以计算机为基础，只有存转发功能的信息处理系统。它是连接在分组交换数据通信网、公用电话网、用户电报网上的增值业务。

电子信箱系统所传送的信息可以是文字、表格、数据，也可以成批处理文件。系统中的每个用户都有自己的信箱。用户只要申请一个用户台，配备一台数据终端或微机，加上一个符合规程的调制解调器，通过电话拨号，就可以在任何时间、地点访问信箱，读其他终端、用户电传等发来的电文，也可在系统的提示下编辑电文后发给其他电子信箱用户或传真，电传用户及有自动应答的打印机。信箱用户也可访问计算机主机，从数据库中检索信息。

用户通过电子信箱可发送、接收各种信息。如售货报表、财务结算、公司保险、生产进度管理、市场研究、订货、有关的计划、建议、发明创造、新闻公告等，还可以通过数据库提供股票行情、金融信息、交通旅游资料以及参与办公自动化的管理。

电子信箱系统还有提供号码簿的功能。通过用户地址数据库，用户可查询自己组织内外的用户信息；系统可提供电子布告栏，供多个用户去读。同时也为下一步的国际无纸贸易打下基础。

未来的智能电话

目前,美国两家最大的电信公司——美国电话电报(AT&T)和"北部电信"公司正在计划生产"智能"电话,其中美国 AT&T 公司推出的"智能"电话,它拥有一个16字节的微处理机,一个可以储存2.56万字的储存库,以及一个在1秒钟之内能运作2400字节的调制解调器,还具有电脑的办事能力。除了这些服务功能外,它还能自动储存新的电话号码;同时,还会把电话号按家人、朋友、同事等分门别类,只要一按钮,它就会自动帮助你接通电话。而"北部电信"公司所设计的"智能电话"则较为"正统"一些,就好比我们现在用的传统电话,但它与众不同的是,除了小小的液晶显示屏幕之外,还有"声音提示系统"。由于它的液晶显示屏很小,所提供的资料信息与"咨询"也极为有限,因此该"声音提示系统"可随时补足显示屏的一些不足之处。比如,它可随时"通知"你发票已经过账、电话费已到期了等的"消息"。

科学家们认为:将来的"智能电话"将朝着更为多元化的功能发展,进入21世纪后,"智能电话"除了可以提供体育消息、天气预报及市场行情等多种服务外,还会同时处理声音和数据多路广播,及时显示高清晰度彩色图像,且还能同时接收"多通电话",甚至还会发展成为"无线型智能电话",前景当然是颇为乐观诱人的。

智能汽车

　　汽车事故是造成交通阻塞的最直接也是最主要的原因，那么，缓解交通阻塞的最有效办法就是让车"学会"预防事故。在事故发生的情况下，使汽车能够在智能交通管理系统的指挥下，绕道而行。智能汽车的奥妙在于汽车各部分都在电子计算机的监控下运行。一台主控计算机监测来自安装在车身各部位的几十个各类传感器、多普勒雷达、红外雷达、无线通信接收装置乃至卫星发来的信号，这些装置犹如汽车的千里眼、顺风耳，使得很多原先需要司机人工关注的信息改由计算机完成。计算机自动监测车辆自身的运行状况，对诸如主轴转速、轴温、燃油状况、尾气排放等参数进行分析调控；必要时向司机发出报警信号。

　　智能汽车的另一大特点是装有事故规避系统。它包括防撞雷达、红外传感器、盲点探测器等设施，主要用于超车、倒车、换道、大雾、雨天等易发生危险的情况下，随时以声光形式向司机提供车体周围必要的信息，从而有效地防止事故发生。此外，计算机内的存储器还可存储

大量有关司机的个人信息，例如，美国一家公司设计的一种装置在监测到司机的体温下降时（这通常表明司机开始打瞌睡），就会发出警报提醒司机注意。这种装置还可在监测车内空气酒精含量超标时，自动锁定发动机。并可根据预置的口令自动限制最高车速。

智能公路

所谓智能公路体系，就是一种用高科技来避免车辆堵塞的现代化交通管理系统，其灵魂和核心是各种信息设备和传输技术。

这套管理系统通常由监测器、数据搜集器、中心电脑、电子显示牌和闪光灯等构成。由环状通电线圈构成的监测器，设置在公路两旁或上方，每当汽车驶过，它就会把车流信息通知路旁的数据搜集器，进而传送到中心电脑。中心电脑会根据车流大小和拥挤程度，迅速计算出最佳控制模式，自动调节红绿灯时间，使道路交叉点的各路车辆将停车时间减到最短。同时，路旁的电子显示牌会向驾车人显示交通堵塞的程度、范围，以及如何"另辟蹊径"；如有必要，也可启动路旁的闪光灯——这是提醒驾车人利用车上的无线收音机收听当地的公路情况广播，以便因地制宜，采取灵活措施。这类系统目前在一些国家已经付诸实用。同时一种更先进的系统正在加紧研制和试验之中。新系统将给所有汽车配备速度、方位自动控制仪和信息接收机，发展雷达、诱导刹车和防冲撞等一系列配套技术。例如一种电子装置可以通过向汽车发射高频无线电信号，通报前方道路有无堵塞、该车所处方位以及周围的地理交通图等，这些信息都可以清楚地显示在驾驶座前的荧光屏上。如果驾车人把要去的地点和行车路线事先输入车载电脑，该系统就会自动为汽车导向。

高速电脑列车

电脑列车是一种结合了英国轻轨列车和法国高速列车特点的混合型交通工具。整个运输系统由数百辆小型列车组成，每辆车长为11.6 米，重量不超过 4536 千克。

电脑列车在高架轨道上行驶，其运行完全由电脑控制，其动力由两台电动机提供，全轮驱动，电源来自地面路轨。列车的设计时速高达 241 千米，一列电脑列车每小时可运输乘客 9000 人。列车内部的座位设施还可按需要调整，若是标准座长椅，能载客 32 人；若为豪华航空椅，可载客 6 人。

作为美国城市交通工具，使乘客满意的关键是每条行车线路都是直达终点的。而要做到这一点，车站就要离开主干线，以使过往列车不受阻碍地通过。电脑列车的车站为一组尽头式站台。每位乘客在车站购票时就表明了目的地，车站中央电脑会引导乘客到达所乘列车的站台，登上直达目的地的列车。列车时刻表和严格的行车计划将不复存在，电脑列车将在固定的轨道上提供几趟按需运送乘客的服务。同时，电脑列车有望消除使美国许多城市陷于瘫痪的交通堵塞，并减轻由汽车造成的空气污染。

计算机确认魔王

　　1985 年,警察从巴西的一个墓坑里挖出了名为格哈特的尸体。原来,有线索提供,这个格哈特可能就是被追捕 40 多年的第二次世界大战期间的德国杀人魔王门格尔。可是,时隔 6 年,尸体早已腐烂,怎样才能辨认出他是不是门格尔呢? 人们只好求助于计算机专家系统了。所谓专家系统,是指能像人类的专家那样解决某些专业范围内的问题的智能计算机系统。这实际上就是将那些领域中几位或十几位著名专家的知识和经验进行编码,并给予计算机应用这些知识的能力。这个能力包括推理、演绎、判断和决策等。法骨学家和计算机科学相结合,研制成功了尸骨复颜专家系统,也有称它为能辨认尸体的专家系统。

　　通过对不同的头骨进行分析,发现它们的特征各不相同。从头颅的大小可知是大人,还是孩子,是男人,还是女人;据颅骨的宽窄、颊骨的长短,额骨的突陷,还是鼻窝的深浅,下巴骨的大小等就能想象和复原出死者生前的面部状态。当需要时,就在终端键盘上输人某尸体的头骨的特征参数,借助尸骨复颜的人工智能软件,就可在尸骨复颜专家系统的屏幕上显示出死者生前的肖像。

　　德国和巴西专家把死者的头骨特征参数输人计算机专家系统后,证实死者正是纳粹要犯门格尔。

电脑走进体育场

计算机在各个运动项目上，甚至在发现和挑选运动员、训练运动员以及计时计分等方面正在起着很大的作用。它可使教练、选择运动员的人和体坛评论非常方便地来比较大量的数据。足球和棒球的职业队，运用计算机系统来掌握上千名在大学和基层球队里的运动员的资料，并由此来帮助球队选拔运动员。

一些项目的比赛，如不用计算机是难以迅速记分的。大型比赛更需用一个复杂的计算机网来记分并公布各项比赛的结果，像冬季奥运会。当上千名业余运动员参加的波士顿马拉松赛，因为有可能不下100名运动员在1分钟内一起冲过终点线，就需要依靠一台信息机来对运动员进行分组并计时、记分。

计算机还在促进运动医学的发展方面作出了贡献。达拉斯牧童足球队的保健医生罗纳特·沃德详细记录了每个队员的健康状况，并用计算机分析了队员在比赛时身体的各种变化。他说："我们已经发现，疲劳是使运动员在场上受伤的一个主要的因素。因此加强耐力训练要比单纯进行力量训练重要得多。"

科学家还设计一种装有计算机的负荷训练装置。这种装置能记录使用者最初的训练情况，并就加强肌肉力量给使用者编排出训练顺序，当训练者有进步时，它随之调整训练强度，而训练的方式刚好是他所能适应的。

电脑当"教练员"

科学技术是人类创造奇迹的巨大动力，当然也是体育运动的强大推动力。特别是先进的计算机技术已渗透到竞技体育的各个环节，发挥着重要作用，有的已能部分替代教练员的工作，被称为电脑"教练员"。

从前，运动员技术的改进主要是依靠教练员和运动员的自身经验，这样很难定量地、迅速地、确切地找出训练中的毛病。当先进的电子计算机、高速摄影机、高速录像机、电子传感技术等高科技进入体育运动领域后，找出运动员训练中需要改进之处的问题便迎刃而解，这是经验方法所不可比拟的。

美国铁饼运动场上的"常青树"厄特，是 1956 年、1960 年、1964年、1968 年四届奥运会铁饼金牌得主，而且每次都刷新奥运会纪录。1981 年他 45 岁时，仍将铁饼投掷成绩稳定在 68.76 米，为 1981 年度的世界季军。他的秘诀是借助电脑的"神力"。他本人是计算机工程师。通过电脑"教练"的纠偏，使他投掷成绩不断刷新，赢得了"长着金臂膀的人"的美称。

美国加利福尼亚科研中心，还研制出集标枪、铁饼、铅球于一体的计算机技术诊断系统。该系统能用高速录像机拍下投掷物出手后几秒钟内的运动轨迹和状态，随时显示出加速度、速度、角度、角速度等各种运动参数，并能将实际参数与内存的优化数据比较，及时改进运动员投掷时的姿态、出手的动作，进而提高运动成绩。

帮助"圣诞老人"

在芬兰北部罗瓦尼埃米市附近的圣诞老人村里,"圣诞老人"和他的助手"小精灵"们正在进行电脑运行试验,准备在即将来临的圣诞节之际,使用电脑给全世界更多的儿童回信,祝愿孩子们圣诞快乐。

不知从什么时候起,"圣诞老人"住在位于芬兰北极圈上的圣诞老人村的传统在世界各地流传开来,于是越来越多的儿童怀着美好的愿望纷纷给"圣诞老人"写信。有一年,"圣诞老人"收到150多个国家约47万封来信。特别是圣诞节前,"圣诞老人"每天收到的来信多达1.5万到2万封。"圣诞老人"和四五十名"小精灵"对雪片般飞来的信件已应接不暇,因此不得不求助于电脑。

"圣诞老人"和"小精灵"们通过13部电脑把所有来信的孩子的姓名、地址储存起来,13部电脑每天能输入5200份资料。"圣诞老人"和"小精灵"们再从电脑提供的8种语言中选择一种,由电脑单独给每个孩子写回信。回信中除了节日的问候之外,还有一小段圣诞节的故事,每封信的内容各不相同。

这些用电脑书写的回信于11月中旬开始向世界各地发出,并一直持续到第二年的2月份。"圣诞老人"通过电脑给孩子们的回信已超过50万封。

利用电脑减肥

据法国《科学与技术》报道,法国研制出一个减肥的"专家系统"软件,它能较好地帮助人们解决减肥问题。

减肥过程有三个因素要协调、平衡好。一是通过减少卡路里的方法进行治疗;二是营养学方面,要提供各种成分的食品并注意生理平衡;三是心理上,不要打乱每个人的口味。要把这三者很好地统一、平衡起来,不是那么容易,只能用计算机帮助才能实现。

这个系统的关键是在深刻了解食谱规律的基础上建立一个特殊的数据库和研制一个"专家系统"软件。医生要求减肥者填写一张详细的表格,随后把这些数据输入计算机,计算出包括卡路里、糖类、脂肪、蛋白质、矿物质等在内的完整的营养结算表。然后,计算机向要求减肥的人提出一个适合的食谱和所希望减轻的重量。食谱营养齐全,在医生的指导下,还可以随时纠正。他们用这个"专家系统"软件做了试验,参加试验的有 12 人,3 个月里平均每人体重减少 4～7 千克。

为了达到减肥最佳效果,德国专家发明了一种最新的电脑控制的减肥仪器。专家指出,如果每天能使用这部仪器 10 分钟,不但能够把多余的脂肪排出体外,而且还可以强化心脏系统,增强活动机能。

重建医学图像

医学诊断在很大程度上要基于图像，有大量的医学图像要作处理，例如 B 超图像、x 射线图像、光学显微镜图像、电子显微镜图像等。它几乎遍及生物、医学的各个方面。医学影像是一个复杂领域，它包括形成影像的一系列过程。要从一幅图像中获得可靠的信息，科学地作出正确的诊断，使用计算机是很有益的。对于某些医学图像，多年来人类已经积累了丰富的经验，成为专门的学问。例如分析心电图的人员，要经专门训练，而且个人修养、造诣的高低明显地影响着分析的水平，这类工作若能由计算机代替，必可大大提高效率。另有一些医学图像，单凭人工分析远不能充分挖掘其中的信息，例如脑电图的分析，凭肉眼只能获得少量的知识，大量的信息都在眼花缭乱中被淹没了，只有利用计算机作复杂的计算才能揭开其中奥秘。还有些医学图像人工观察并不困难，只是需要相当数量的人力和时间，例如在显微镜下的组织检查，在肿瘤普查中是经常需要的，一般要看数以万计的片子，若用计算机代替这项工作，将解脱许多人力，节约许多时间。再如心脏血管造影，用以分析心收缩和舒张的特点，用手工测量既困难又单调，若用电子计算机来做不但速度快，同时可测得瞬时速度、加速度、面积和容积等有用的参数。

重建图像的意义

医学图像有一个突出的问题，就是图像的存储、检查和传输。一个大型医院仅放射科一年就要拍摄数万甚至数十万张 × 射线照片，年复一年，片子积压越来越多,这就产生了存储空间问题。利用计算机图像处理技术,可将数字图像存于计算机、磁带机或激光盘上。一盒磁带存约 1000 幅图像,一个激光盘约可存 1 万幅图像,需要检索时,可以很方便地利用计算机随意寻找贮存的任一幅图像在屏幕上显示出来。图像数字化以后,远距离传输图像时,可以采用现代化的数字通信和存储技术,把已产生的数字图像以数字化电信号传送给图像通信网络,通过这个网络,图像以随机存取方式收集进图像存储系统。图像通信网络通过若干分布的控制台可以在不同时间和不同区域存取已存储的图像,并将图像显示在控制台的监视器上。这些存储的图像还可以通过数字通信网络发送到申请图像的医生所在部门,在他的监视器上显示他所需检索的图像,这种资源共享的方法,非常有利于专业会诊、教学和科研。医学图像内容丰富,内含的信息量很大,要求快速地、保真度极高地将一幅幅图像转化为数字图像,并对它进行各种运算处理,分析测量、存储、显示。这对计算机图像处理系统的要求是很高的,若能选用微型计算机为主机,研究开发性能比较高的医学图像处理系统,无疑是具有非常重要的意义。

实现医院现代化

随着医学科学水平的提高和检测手段的现代化，医院管理的信息量急剧增长。仅以病史资料

一项而言，40年来信息量就增加了450倍。专家预测，今后还将有增无减，有10^6以上的信息量需要进行加工处理，要求数据采集正确齐全，传输迅速无误，存取响应及时及网络资源共享。这样，随着医学科学的发展和新兴技术的渗透，医院必须改变现行传统的手工方式，实现现代化。

所谓医院现代化就是在现代化的医院建筑设施中，建立用电子计算机来控制各种医疗器械和仪表设备的医疗系统。

如美国旧金山的凯萨医院，下属16个诊疗科室，年门诊量为74万人次，设置IBM—370—155大型电子计算机，以存储附近100万居民的永久病历。当病人在下属16个科室任一处所就诊时，医疗信息都会进人同一份病历中，并能完成门诊预约、挂号登记、结账等业务。临床化验、病理科和放射科报告也均由计算机辅助处理，并能将处方自动送药库及收入病历存档。

电子计算机在医院的应用，大大提高了医院工作效率和管理水平，实现了医疗机械化、自动化、智能化，提高了医疗诊治水平，加速了医院现代化进程。

模拟治疗癌症

　　加拿大的医学研究人员利用电脑设计了一个抗癌模型,通过电脑的模拟运算发现,在癌症发展的某一阶段,由于癌细胞的变异会同时衍生出多个新的癌细胞。由此得出结论:为了把癌细胞的变异衍生可能性限制在最小范围之内,癌症防治越早越好;同时,必须改变以前那种一次只用一种药物在发生抗药性后才改用新药的治疗方法,争取在癌症早期就同时使用几种药物,把由于癌的变异衍生可能产生的新癌细胞,消灭在萌发状态。

　　电脑为什么能模拟治疗癌症呢?科研人员将所有影响癌细胞生长和繁殖的因素,如肿瘤的大小及类型,抗癌药物的疗效和治疗周期,癌细胞的变异和产生抗药性的理论系数等,统统输入到电脑中。然后,根据科研人员的控制指令,电脑就模拟使用不同抗癌药物治疗癌症的效果,并打印出在癌症的某一阶段,采用不同药物的组合,消除癌细胞变异衍生的各种可能性。根据这些信息,医生就可以在癌症病人出现多细胞变异之前,选用某几种抗癌药物杀死即将产生抗药性的癌细胞。

　　利用这种模型,还可以在电脑上求得不同的药物所产生的效果,从而向医生提供最佳治疗方案。由此看来,电脑在治疗癌症方面是大有作为的。

电脑"大夫"看病

　　只要把具有丰富阅历的医学专家看病、诊断和治疗的经验输入电脑系统中，就可以利用这些经验来为更多的人看病。由于这种电脑系统能够履行医生的职能，因此人们亲切地把它们称作"电脑大夫"。电脑大夫具有记忆力强、思维敏捷的特点，加上它总结归纳了专家们的经验，相当于几个专家在给一个病人看病、会诊，所以它比一般的医生要高明。

　　如同医生给病人看病时要进行交谈一样，电脑也需要和病人对话。电脑是通过它的终端来实现人机对话的。终端通常是键盘、电视屏幕显示器和一个小型的打印机。键盘用于病人告诉电脑病情以及回答电脑的问话，电视屏幕显示器可以显示电脑提问和回答病人提出的问题，打印机则是用来打印病历、处方等。

　　电脑大夫看的过程大致分为两步：

　　一是问诊。问诊是病史和病症采集过程。电脑显示出各种信息，要求病人回答哪不舒服，什么感觉，家中有无某种病的患者等，这些都需病人通过键盘来告诉电脑。

　　二是诊断。将化验和检查结果输入电脑后，电脑会自动作出诊断，确定出疾病的类型、名称和严重程度，并提出一些可能的医疗措施，告诉病人用哪些药，药费多少，打印出医疗处方，同时通知药房。

残疾人的福音

美国青年大卫·扬 19 岁瘫痪，在住院期间，他学会了用嘴叼着打字棒打字。此后，他凭着超人的智慧，不仅读完了大学，而且成为一名攻读生物学博士学位的研究生。在学业上取得成就的同时，大卫·扬也逐渐意识到，单凭智慧与同伴们竞争越来越困难，必须设法克服残疾身体带来的障碍。个人微机给大卫·扬带来了福音。借助于计算机，大卫·扬能独立完成一些正常人做的工作。

在美国，计算机目前正为 1300 万工作年龄的残疾人服务。许多计算机公司对自己生产的个人微机进行改造，以便于各种残疾人使用。例如，有一种为聋哑人设计的计算机装有触觉打字键盘，盲人可用普通方式输入盲文信号，信号通过盲文转换器和声音合成器变成声音，使盲人能听到输出信号。有些全身瘫痪只有头部能转动的残疾人则能像大卫·扬那样靠一种呼吸控制装置来控制计算机。

由于计算机给残疾人带来了极大的便利，在过去几年中，美国残疾人使用计算机在人数上成倍增长，其中许多人的生活因此而发生了巨大的变化。

电脑让瘫痪的人站起来

我们知道，截瘫是下肢全部或部分瘫痪，多由脊髓疾病或外伤引起的，大部分下肢瘫痪病人只好依靠轮椅活动。英国34岁的妇女朱莉·希尔车祸后，下身瘫痪，一直坐在轮椅上。后来，医生在她的腰部手术植入一个微型电脑，并输入了有关程序。现在，希尔只要按动这个控制器的不同电钮，就可以站立或坐下。这个电脑装置是依靠电池工作的。

希尔是世界上第一个尝试这种发明的人，这项发明在于向脊椎基部发出电波冲击，以刺激患者腿部肌肉并使之站立。希尔是1994年底在索尔兹伯里教区医院接受这一手术的，使用一年后，希尔现在能够行走十几步，但是仍很不稳。她说："我身体现在感觉好多了，至少我可以选择站着或坐着。"

据施行这项手术的医生透露，希尔的手术进行了8个小时，医生把一个接收装置首先植入她的胸腔，然后从接收装置上接出12根导线，使之同脊椎底部相连，即连接在车祸后损坏部位的末端。

医生把这12根导线再同脊椎底部的12条神经连接。患者手持传感器，向接收器发送已设置好的程序化信号。研制这项发明的负责人蒂姆·珀金斯说，这项发明在利用电刺激以改善脊椎受伤者生活能力方面是一项重要的突破，但是它是否能帮助病人行走，仍需要很长时间的研究。

帮助伤残人回归社会

据《朝日新闻》报道,在伤残人的就业、教育以及社会沟通等诸多方面,电脑都将发挥帮助伤残人弥补身体缺乏,铺设起自立之路的积极作用。

居住在京都板桥区的本间一秀,是一位重度脑瘫患者。两年前,他参加了由当地一个福利组织举办的"居家电脑讲座",又通过电脑电子函授,学习了一段时间的信息处理技术,并获得了"初级系统管理人"等证书。实习期间,他与一家福利设备开发公司签约,成为一名可以在家里从事软件开发的合同工。本间一秀借助电子邮件与公司商洽业务,每半月一次向公司提供每天的出勤情况。根据合同,他的报酬由每月的固定月薪以及每完成一个程序应得的计件工资组成。经考核,本间一秀已成为一名正式程序设计员。他表示,通过电脑向社会证实了自己存在的价值。

为适应伤残人的就业需要,一些应用电脑帮助重度伤残者居家就业的组织便应运而生了。一家伤残人电脑技术公司,目前在仙台地区已拥有75名成员,承揽当地企业互联网络"主页"的制作业务。据悉,这家公司没有固定的办公地点,向职工发放业务及业务交接等,全部通过网络完成。

利用电脑避孕

英国研制出一种微型机,它能方便而准确地测出育龄妇女每月受孕可能性最大的 4 天, 能指示出妇女体温上升 0.5℃~1℃ 的排卵时间,记录下来并通知妇女。瑞士的一位研究者也研制出一种不需服药、不用工具、也不需要动手术就能准确地实现避孕的微电脑。它可记录育龄已婚妇女的生理周期,计算出"安全期",并综合体温等参数,显示可以妊娠的日期和不能妊娠的日期。据世界卫生组织试验结果,成功率达 98%。

专家预测,未来有一天,人类可能与看来跟人一样的机器人结婚。

明尼苏达大学人类教授哈舍斯说:"距发明可做伴侣的机器人已为时不远……这种机器人具有人性,会哭泣、失望,甚至会生气,遇到好玩的事也会大笑,会有怜悯心,以及表现人类常见的浪漫情感。该机器人程序中含有多种个性,因此一个人可以在一个机器人身上获得许多不同的与伴侣相处的感受。"

利用电脑美容

电脑是个多面手，目前它又干起美容师的行当。人们通过美容电脑机提供美容方面的信息数据，并可根据美容者的具体条件、状况，进行电脑分析，从而因人制宜地指导美容化妆。

电脑烫发。由于女性的发型、颈差异较大，根据各自发质，通过烫发造型，使人的脸、头和颈协调平衡，有助弥补脸型的缺陷。将烫发者头发的粗细、长短、弯曲度及烫发药水名称等输入电脑烫发器内，就会输出十几种发型供人选择。烫发者只要坐在电脑烫发器前的椅子上，按相应的按钮，屏幕即出现其所需的发型，并指令烫发器自动烫发。

电脑化妆。通过对发、眉、眼、鼻、唇、脸、颚、颈、肤、指甲等部位的化妆，使有缺欠或平庸的面孔变得生动可爱，光彩夺目。电脑化妆就是将面容通过摄像机显示在电视屏幕上，先用传感器选定化妆部位，用虚线勾画出来，然后从画面的调色板上选择合适的颜色，测定最合适的化妆方法。只要美容者站在电脑美容机前，电脑就能根据你的脸型、肤色、发型等，选择出最佳的化妆图像，显示在屏幕上，指导你在自己家里化妆。

电脑整容。面部皮肤有色素性质疾病、皱纹等，会影响颜面美感，使人显得苍老。电脑整容即医生用电脑控制的激光，进行面部整容，以消除雀斑、皱纹等，让人青春常驻。

教聋哑人说话

电脑可视语言训练系统使聋儿有可能接收到语音信号，不过不是像正常人那样靠听，而是靠看，它把语言信号的各种特征提取出来，用不同的图形和色彩来感受语言，这也就叫作可视语言。

我们知道，汉语发音是由元音、辅音组成的，要教聋人说话，就要先教他们汉语拼音。当按动电脑上字母选择键时，屏幕上就显示出你所要的字母，发这个音时舌、软腭、唇、齿等发声器官的位置，以及正确的语音图，聋儿发出音后，可以跟这个图形对比，以纠正自己不正确的发音。

汉语有四声的区别，但同一个音的四声口形是完全一样的。过去，老师最发愁的就是教听障儿童区分四声了，可视语言训练系统把不同的声调用不同的图形来表示，听障儿童发音，把自己的图形与标准图形对照，很快就可以学会区分四声。

聋哑人说话，往往掌握不了句子的重音，每个字词的长短，用随时间而变化的语音谱图可以帮助听障儿童掌握句子的韵律，使他们向正常人看齐。

这个系统还能帮助听障儿童练习发音的强度、速度、时机以及声调的高低等。它一共有14种功能，教师可以根据每个听障儿童的具体情况让他们练发音、练字词、练造句子，因材施教。

利用电脑配餐

　　所谓营养配餐，就是以"合理营养"为理论依据的"平衡膳食"。平衡膳食要求不同年龄和不同职业的社会成员的日进食，须达到营养素的标准供给量（即中国营养学会1981年制定的"每日膳食中营养素供给量"，以下简称营养标准）。用电脑配餐的原理是首先建立食物成分表、营养标准和常用营养菜谱数据库，然后根据营养师的配餐原理、思路和方法编制程序输入计算机，使得配餐程序化，并逐步走向标准化。因而，家庭主妇也能配出合理的食谱。电脑配餐研究的主要内容是：计算机辅助配餐设计；采用营养量日平衡，累计补偿法配餐；既要符合传统的饮食习惯，又要满足不同口味和不同的对象；价格合理，操作简单。主要功能有营养配餐设计、营养追踪评价、食品卫生、数据资料检索等。配餐采用营养量日平衡，累计补偿法配餐。所谓日平衡，就是将一日三餐摄入的营养素总量与营养标准比较，使几种主要营养素的含量与营养标准相符合。所谓累计补偿法，就是对前一段时间配餐所含营养素的累计及平均值与营养标准的偏差，在以后的配餐中进行调整，以期在较短的时间内各种营养素的累计结果能较好地与营养标准相符合。配餐的方式有二：其一是用成菜直接配餐，其二是用原料配餐。家庭主妇在两小时内就能掌握使用并配出合理的食谱、下料单和营养成分等表格。

全电脑冲水马桶

传统的便后清洁绝大多数人还是使用手纸，但现代科技正向传统的方式挑战，科学家们通过对不同便后清洁方式的研究，发现用水冲洗清洁效果最佳，因此，现代电脑坐便器脱颖而出，并开始走进家庭。

这种坐便器是根据使用过程中身体略向前倾的自然状态和人体生理结构而设计的。它采用了包括电脑在内的一系列最新科学技术。它主要是由电脑、冲洗喷头、水加温装置、温度传感器、操作显示盘、安全保护装置等组成。

不工作时，喷头（三孔）隐藏在坐便器内部；工作时，从内部伸出，先用水清洗喷头，然后43度角，每分钟0.1~1升的喷水量对臀部进行冲洗，15秒就可冲洗干净。冲洗完后，再将喷嘴洗净，恢复到原来位置。

对女性还可以使用五孔喷嘴，以53度角，每分钟0.3~0.8升的喷水量进行清洗，尤其对来例假的女性十分适合，既方便又卫生。

冲洗后，便以每分钟0.48立方米的风量进行烘干，其风温恒定在50℃，风速稳定，水滴不溅，20秒左右即可烘干。

考虑到冬天人体与便座的温差，便座上还具有加温功能，电脑通过温度传感器感知体温，并通过涂氯乙烯加热器将温度调节到最舒适的位置。

便后，除臭装置以每分钟0.13立方米的吸风量，经过蜂窝状活性炭进行除臭，除臭效果在90%。离开便座后，还能继续除臭1分钟，不会把臭味留给下一个人。

电脑厕所

　　厕所,古时候叫作"溷藩",俗称"茅房"。从古到今,厕所就是脏臭的同义词。因而许多人认为,厕所脏点臭点天经地义,无可厚非。

　　其实,厕所问题是完全可以整治好的。早在古代,我国就有豪华厕所。皇族官宦之家的厕所是华丽舒适的,其中最阔气者要算晋代石崇。据《晋书刘传》载:刘有一次到石崇家做客,如厕时,只见里面陈设华丽,令人目眩。又见两个浓妆艳抹的女子手持香囊侍立于厕,便误认为这是石崇居室,急忙退了出来。

　　近年来,巴黎街头出现了"电脑厕所",更以它独特的摩登和实用性,在西方大城市独树一帜。

　　使用者只要投一法郎硬币,厕所的自动门即会开启。其内部设计新颖,灯光柔和,并伴有音乐。每人最长可使用15分钟。使用完了,自动门便会自动关上,随即听到一阵冲洗的声音。电动系统控制冲刷马桶、地板,并喷上香水。这些公厕根本不会令人产生"望而生畏"之感。

最早的"机器人"

据《列子·汤问》记载,商穆王巡狩西部,途中遇到艺人偃师。偃师让手下的倡优为商穆王表演歌舞,以博取王的欢心。倡优开始表演了,舞跳得优美动人,符合节拍,歌唱得嘹亮婉转,符合音律。倡优,古代指擅长乐舞、谐戏的艺人。穆王正看得入迷、起劲,忽然见倡优一双秀眼不安分起来,只见他正在用眼神挑逗勾引身边的王妃。穆王怒不可遏,下令将欺君罔上的偃师并倡优一并拿下斩首。偃师见穆王动了怒,先拔剑把倡优杀了。原来,这个竟敢大胆勾引王妃的倡优并不是真人,而是偃师用皮革、木料、胶漆料等东西制成的"机器人"。穆王见此情景,转怒为喜。偃师免了一场杀身之祸。不过偃师这一"造人"的技艺后来失传了。关于"机器人"的奥秘所在也便成了千古之谜。

另外,据宋人范成大考证,诸葛亮发明的木牛流马是受其夫人黄氏的启发而制成的。据说黄氏曾制作过几个"机器人"帮助舂麦磨粉,担负各种家务劳动。因此,孔明根据她制作的机器人的原理才制成了木牛流马。据史书记载,孔明制作木牛流马是在 232 年,那么黄氏制作机器人距今已有 1700 多年了。

机 器 人

什么是机器人?现在还未有公认的定义。根据现有的知识归纳出的初步概念是:机器人分类人型和非类人型,是一种具有一定意义上的"手或胳膊",能在人的指令下进行各种连续动作或搬运工作,具有模仿或超过人的一些动作的能力的自动机器。

18 世纪, 法国著名机械师鲍堪松造出了具有齿轮装置的会活动的机器鸭子、"吹笛子的男人"等各种自动偶人,但它们都只是没有"头脑"的玩具。

1946 年, 在美国宾夕法尼亚大学诞生了世界上第一部电子计算机,它是一个使用了 1.88 万只电子管,长 30 米,重 30 吨的庞然大物,这一发明为制造出机器人的"大脑"奠定了基础。

计算机在具备了三个条件后就成了机器人。这三个条件是:传感器,捕获来自周围环境的信息;微处理机,把信息变成新的形式;制动器,控制改变周围环境所需的能量。

机器人的动作比较普遍的是靠电磁体和电动机来制动。一个机器人通常拥有多个分散在各个部位的电动机,活动电缆把力学转移到各点。常见的工业机器人是在机器臂上安装制动器,使其能提升和运送从精细到庞大的物体,还有可以四处走动的移动机器人。

软件机器人

软件机器人没有具体的形状，既看不见，也摸不着，但我们又能切切实实地感觉到它的存在，并且它能帮助我们完成日常任务。

软件机器人是一种不同寻常的软件，它能自主地代替人类完成一些复杂的工作。软件机器人的生存环境是计算机网络和以网络为中心的工作方式。"生存"在其中的软件机器人虽然没有眼，但它能"看到"你和其他人在计算机上做什么；虽然没有手，但它能"取到你存在计算机里的东西"。在网络环境中，我们人的大部分工作都是文件管理、通信、查询资料等。软件机器人通过对计算机用户的观察，就可以知道他的习惯，他的要求，从而进一步主动帮他完成类似的工作。

例如，有人通过电子邮件要求与你会面，软件机器人可以根据你存在计算机里面的日程安排，根据你的工作习惯和它对对方的了解，来确定是否会面以及会面的时间，并通过电子邮件代你把决定通知对方。

微型机器人

美国麻省理工学院的研究人员计划研制一种微型机器人,它可以进入任何人或者目前任何"移动式遥控机器人"从未走近的地方——黑暗、黏滑、弯曲的大肠或结肠中。这种取名为 CLEO 的微型机器人,长、宽、高只不过 2.5 厘米,体积只有 16 立方厘米。它可以在障碍之间择路,趋向或背离光线运动,躲避高坡、用小爪抓物体等。所有这些反应,可由人控制操纵杆来实现。经过碰壁——后退——灵活转向过程,CLEO 就能独自不受约束地进入人体黏滞的结肠迷宫。

该项目由美国国防部资助,他们将探索遥控微型机器人进行外科手术作为一项长期目标。根据这一设想,总有一天,在美国本土的医生可以遥控微型机器人,对分布在世界各地的美国士兵施行外科手术。

至于近期目标,该机构把结肠检查及其手术看作最直接的应用,而像检查癌症之类的诊断任务则是主要动机。

该技术可以让微型机器人连同光和摄像机一起工作。如果发现异常东西,正在监控的医生可以取样(活组织检查)或剪掉赘生物(息肉),并用激光和电抑制结肠出血。

机 器 虫

　　不久前,美国研制的形似昆虫的机器人,令人耳目一新,研究者认为,昆虫对其大脑的依赖性并不像其他较高等生物那么大,它们的跳跃、爬行动作是通过几乎独立存在的神经系统的其他部位对环境的刺激作出反应的。昆虫的神经又是以密布在它身下,还有分布在稀奇古怪部位的"传感器"来作为"耳目"的,如蚱蜢、蛾的"耳目"在腹部、蟋蟀的"耳目"在前腿等。根据昆虫这些奇特的生理特点,美国研制出一个叫"肯菲斯"的机器人,有6只脚。当它通过红外线"眼睛"看见外人时,便会爬上前去。这种机器人能用像天线一样的"须",探测沿途的障碍物,然后设法爬越过去。这种昆虫化的微型机器人,可以承担某些特殊的任务,如冲刷吸附在船底的甲壳动物;作为科学的"侦察兵",搜索火星上的平原,甚至可以注入人体的血管里,协助外科医生在某个部位进行外科手术等。

　　其实,广义上的机器虫大多是指微型机器。1987年6月在日本举行的第四届传感器国际会议上,美国在会上首次发表了用制造集成电路的方法在硅片上制造微型机器的崭新概念,并在会上表演了他们试制的大小只有几十微米、转速可达到每分钟2.4万转的微型涡轮机。

机器虫的发展

目前，在微型机器的研制中，已经取得的成果有：通过改变定子和转子电极间电压极性而使其转动的静电电动机，已达到每分钟 400 万转，而体积不及一颗豌豆的万分之一；在 10 毫米对角线的芯片上集成 32×32 个微型膜盒式的压力传感器，将它装在机器人的手上，通过抚摸可以识别出所摸对象的表现状况和轮廓形状，所以也可以用作触觉的图像传感器；制成了微型阀门、微型泵，可用于微量气体控制系统，在半导体制造中精确控制局部气体成分，以获得高性能的半导体膜，还可用于血液检测，只需获取微小血液量便可监控病人的状况……

下一步的目标是，把作为大脑的微处理器、作为五官的传感器、作为四肢的执行机构，都在硅芯片上集成在一起，选出具有智能的微型机器人。因其体积小，也被称为"机器虫"。

目前，微型机器尚处于襁褓中，很难确切描述其长大后的样子。但其前景是非常美好诱人的。例如，可以由成千上万的微型机器人成群结队地去擦洗潜艇表面，钻进核反应堆内进行检查，清洗各种各样管道，在恶劣环境下除锈，在检查管道时如发现裂纹还可对其进行修复……

机器人的骨骼

机器人的骨骼是各种最基本的机械装置的组合。这些装置可用于手动或转动，其衡量标准为"自由度"，为了达到三度空间的某一点，机械装置必须有三个自由度。而在空间某一

点上要完成一个动作，又需要另外三个自由度。所以，一个完整的机器人至少要有六条轴线。但是，必须指出，一架机器人即使具有六条轴线或者更多些，它并不因此而变成万能的。相反，少于六条轴线，也并非不能行事。大部分机器人都是具有三个平动或转动的自由度，以利于末端装置的定位。还有一些参量可用来说明自动装置的特点。比如，"有效负载"——末端装置能承受的最大重量；"工作范围"——机器人工作的节奏；"绝对精确度"——手臂偏差的最大幅度。尽管万能的自动装置是不存在的，但是人们可以发展各种类型的机器人以达到"万能"。

目前装备在机器人身上的抓取机构是一种专用工具，它并不具有手的各种性能。如何使用不同形式的专门装置在一定的地点准确地抓取物品？如何确保易碎物品不被抓碎？如何行使各种不同的抓取能力，如：钳、握、旋紧、夹紧等？这些都是机械手研究的课题。

机器人的肌肉

　　激励机构和传递机构便是机器人的肌肉。激励器是一个力和力的发生器，用来驱动活动关节机构，而传递器是把能源传递给接受机构。在设计上就是把各种不同的电动机，装在同一处以便驱动各种各样的轴，或者使某根轴单独活动，从而起到自动化和传感作用。几根轴装在一起可以使体积缩小，结构变轻，适合于柔软型机器人；某根轴单独活动则便于调节。这两种方法都是根据对机器人的不同要求而设计的。在这里，自动化的三大技术工艺气动、液压、电力都用上了。气动，即用压缩空气控制活动，它被大量用作机器人手臂活动和动力。气动分配器可以预示在某处指挥活动的可能性，而且精确程度很高(误差只几毫米)。液压一般用于重型遥控操作器，提取重物。使用液压有很多优点，它能合理地调节体积和重量的关系，精确度高，反应速度快。根据需要研究人员设计了一些新的组件。如：微型液压起重器、旋转起重器、微型液压发动机以及同步起重器等。

机器人的传感器

机器人的感官是由传感器组成的，一般的自动装置根据控制系统的程度来捕获各种逻辑型、类比型、数字型信息。在机械程序控制中我们用传感器来确定各种轴的外形和测量物体的位置、速度。这种传感器叫固有传感器。另一种依靠机器的机械部分获取外部信息，观察周围情况，叫外感传感器。

固有传感器有各种不同型号，人们常用的有电位传感器，即利用电位来做测定工作。

外感传感器主要用于科研实验室，在工业某些方面也已开始试用。这种器件主要是让机器人具有人类的最基本的感觉、视觉以及触觉等。

在传感器中，视觉传感器和触觉传感器用途最为广泛，最常用的视觉传感器是一台传真摄像机，里面装有光电摄像管。这种传感器的灵敏度和分析性能都很好，但是它有剩磁现象，这对于观察较快的现象有影响。

视觉传感器的工作原理很简单：视觉影像被投射到光电摄像管的一个涂有一层光电导体的靶上，射入的光线密度产生了点的负荷，汇集在两次扫描之间。视觉影像经过扫描的电子束，转换成电信号。录像信号也同时发出。视觉传感器的任务是辨别物体的形状和控制抓取动作的力量。

机器人也有感觉

机器人的"感觉"是通过电子处理机来处理信息。传感器把周围情况（光、热、声、味等）变成电子信号，然后由处理机进行处理后，机器人就可以"看见、听见、闻到、接触到"，并作出"判断"，确定周围的情况。

机器人的感官能模仿生物。把电视摄像机同硅处理机连接起来，电子计算机内的存储器就可以存储影像。数字耳机是最新机器耳之一。目前，科学家们正在为机器人研制多种触觉传感器，即在有弹性的人造皮肤上装上开关和电极。已研究出使用光纤维束的光触传感器，其敏感度可以与人的手指尖相媲美。气味和味道的生理感受是化学反应，最新的机器人化学感受器由两部分构成：进行探测的辨识元件和转换器。

现在，机器人已经走进人类生活的许多领域，尤其是在工业生产方面。目前工业机器人的数量以每年翻一番的速度增长。据统计，到21世纪初，其数量将超过1000万。

采用机器人消除了某些工作中的危险，但又产生了一些新问题。我们知道，人们在工业革命期间由于机器的产生而失去许多手艺；人们在智能时代由于机器人的出现也正在开始失去一定的脑力工作，某些技能可能会被完全取代。

机器人识别物体

机器人同人一样也是靠它的"眼睛"来识别物体的,它的"眼睛"就是光学图像识别系统。该系统由一组特殊配置的透镜和计算机组成,透镜系统完成对三维光学图像的变换运算及相关运算,再由计算机完成控制、分析和判断任务。

从日常理论中我们可以知道,人们平时区别一只狗和一只猫不需要精确的测量,只凭人们头脑中所记忆的狗和猫的特征,通过对比即可进行识别(区分)。光学图像识别系统也是这样,具体做法是:把要识别物体的一些特征以一定方式提取出来,并存入计算机里。遇到被识别的目标,便把从该目标上所提取的信息与已存储的特征进行比较,若相似到一定程度后,便可以认定要识别的目标是什么。

显然,光学图像识别系统的关键是如何提取目标的光学特征与如何进行比较,这样,才能取最少的特征信息而达到准确判断。近年来,大量细致的科学研究已使该领域取得了令人瞩目的进展。现在人们已经能够把多个物体的特征同时存入系统,使之可对多个目标同时进行识别。如果能把这种系统集成为小型设备,装在导弹上,那么导弹就如同装上了眼睛,可以准确地攻击目标。

机器人的腿

在自然界中,动物腿的通行越野能力明显优于轮子:骆驼穿越茫茫沙漠,鹿在深雪中轻捷奔跑,山羊跳跃于峡谷和山岩之际,均有赖于各具特色的腿。善于奔跑的走兽的一个主要特点是异常机警、灵活,而它们的腿尤其灵巧,简直是一种完美无缺的机构。

那么,会行走的机器人究竟需要几条腿最适宜呢?蜘蛛有8足,蜜蜂有6足。人们发现,6条腿就可使身体在任何速度中保持平衡。此外,还要求这种机器人的头部应是非常复杂而又敏感的指挥仪器,使静止或运动中的躯体处于良好的平衡之中。目前,科学家已研制成许多带机械手的机器人,能进行多种复杂的操作1。

随着越来越复杂的电子计算机的出现,人们开始制造"智能"机器人,并给它们安装上能独立行走的腿。为此,需要研究可活动的关节。科学家认为,这种机器人的肘关节、膝关节及其他关节,不应是以固定轴转动的简易关节,而是具有一定滑动余地的活动关节。这样,就需要在关节处使用一种极佳的润滑液。它除了能减少关节"软骨"间的摩擦和损伤之外,最大的优点应是它的成分和性能始终如一,并不会因时间(昼、夜)和活动方式的改变而发生变化。

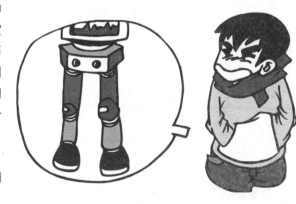

未来机器人的脚

科学家在研究中发现，动物在奔跑时会产生周期性的节奏紊乱，即每一轮奔跑的步子有快有慢。工程师在研制会行走的机器人时，也考虑到了这种现象。科学家通过对动物腿部肌肉群的试验，即把细电极插入肌肉中，接收并记录下每次收缩时产生的微量生物电流，从而有所处理。譬如，以前总认为，动物腿肌肉弯曲时在做功，伸直时是在休息，实际上却并非如此。动物奔跑时肌肉会互相传递动作，就如接力赛，一个动作结束即意味着另一个动作开始，而后一轮动作比前一轮动作略快一些。

此外，动物腿部肌肉对跳跃适应性也极快。机器人如若从五层楼高处跳下来，它的腿将会跌坏，而对山羊来说从高处跳下就不易受伤。因为，山羊腿部肌肉像复杂的减震机构着地后肌肉会一部分接一部分地起缓冲作用。

至于未来机器人的脚掌应是什么模样，这项研究工作进行了10多年，在实验室曾比较选用了多种动物，诸如马、狼、鹿、袋鼠、猴子、刺猬、海狸、熊及各种小鼠等脚掌作参考蓝图。科学家认为与人类脚掌相近，呈曲线状的跖行类动物的脚掌，是较有希望的模特儿。当然，这并不排斥别的探索方向。

机器人表达情感

新机器人的发明者说，新研制成的一个能通过微笑或皱眉来表达情感的机器人，也许有朝一日能像普通人一样与人正常交谈。

东京科技大学教授原文雄说："我想人面机器人至少是对过去的人机通信方式做一个小小的改进。"

经过历时3年的研制，人面机器人借助于它的主计算机的提示能够表达6种情感——愤怒、悲伤、忧虑、惊奇、快乐和憎恶。它的皮肤是由硅制成的，而它的24块肌肉是由铝制成的液压活塞。

人面机器人有一张女人的面孔和发型，它通过安装在它的眼球后面的微型摄像机观看东西。

原文雄于1993年开始研究人面机器人，他认为像这样的机器人也许有朝一日能取代计算机键盘，并使计算机变得更快和更加简易，便于人们做一切事情，从漫游互联网络到设计计算机图形。

但是，在原文雄研究人面机器人的3年里，许多人提出了其他一些用途，包括一个东京美容师就要用它来帮助年轻妇女培养"完美的整容"。原文雄说："当你在表达情感、大笑或微笑有困难时，也许人面机器人能给你示范怎样表达自己的情感。"

机器人的"大脑"

机器人的大脑——指挥机构的组成取决于机器人的发达程度。

对于用气动工艺控制手臂的机器人,指挥机构可以采用通常的继电器装置、静电逻辑机构或气动顺序发生器。

对于用液压或电动控制的手臂,定位取决于每一个轴。指挥机构根据需要提供服务,指挥行动。在工业机器上,人们经常使用的指挥机构是一个由二极管组成的逻辑电路和限位电路的结合体,它能描绘程序每一步经过的点。程序每变化一步,二极管和组合在每根轴上的电位就能改变所在位置上的服务指令。指挥就是这样简单地用程序逻辑进行。

为了使抓取装置所经过的点保持连续性,一个完整的周期必须是逐步完的。这就必须使用微型或小型电子计算储存大量的点,但是要向它输入复杂的轨迹是不容易的。后来研制了一种轻的机械结构,取名为"木偶"。一个操作人员只要在"木偶"身上执行较复杂的工作周期,电子计算机会记录下来向机器人发布一系列命令的点。这种"木偶"的传感器可以作为机器人信号点直接使用。机器人和"木偶"的组合便构成一架遥控操作机。它常被用于对人体有害的地方,如核子研究、空间和水下操作等。

机器人的"进化"

在日本奈良召开的第五届人工生命国际会议上，展示的一个能"自我进化"的6条腿的机器人，成了与会者关注的焦点。这个由日本AAI公司研制的6条腿机器人，在行进过程中遇到障碍时，会停下来专心致志地"思考"片刻，然后毫不气馁地想方设法绕过这个障碍。当这个机器人停下思考时，实际上它正处在"进化"的过程。科学家为这个机器人设计了50种不同的控制程序，如果它撞上墙壁，就会通过传感器对撞击力度及地面和墙壁的各种情况进行检测统计，然后从50种程序中选出4种最符合实际情况的方案，对它们进行优化组合，使自己具备"撞墙拐弯"的能力；而当它遇到一个斜坡时，它又重新挑选、组合新的程序，以使自己行动自如。

按照达尔文进化学说，生物是经过自然淘汰、适者生存而得以进化的。6条腿机器人的研制就是基于这样一个前提。如果把预先设计的50个行为控制程序看作机器人体内携带的"遗传基因"的话，那么，它为了不断适应新的环境而进行的"基因重组"就相当于生物的交配，新程序的产生就好比是"遗传突变"。机器人为了不断适应周围的环境，不断重复着"基因重组"和"遗传突变"的过程，从而使自身得以不断的"进化"，运动能力得到不断的提高。

机器人是商品

　　当今世界，也许没有一种商品会像机器人那样具有多种身份。全世界的汽车制造业使用了 6 万多台机器人，主要用于加工、装配和运送材料。不久前，美国开始试验性地让机器人当警察，还让它对付劫机分子。法国让机器人潜入 6000 米深的海底，去寻找海洋资源。日本让机器人在核电站上班，它们的工作是清理核反应堆芯和处理核原料。总之，谁也说不清机器人究竟能扮演多少角色，但不管什么机器人，它们共同的特征是商品，都有一定的"身份"。

　　美国纽约市企业管理协会最近的调查表明，大多数老资格企业经理人员强调工业机器人对强化企业的重要性。他们认为，发展工业机器人的意义不仅仅是提高工作效率和降低生产成本，其根本意义在于，未来的工业生产体制决定了工业机器人必然取代传统的生产线。从某种意义上来说，今后工业企业竞争力在一定程度上取决于工业机器人的普及程度。

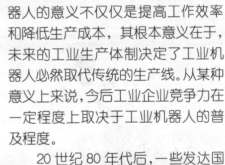

　　20 世纪 80 年代后，一些发达国家的非工业生产部门开始大量使用机器人。这种情况表明机器人的作用正在为社会各阶层各行业所肯定，而自动化控制技术的日趋完善使非工业机器人得以完成人类所交给的任务。

执行特殊任务

法国有些医院已启用护理残疾人的机器人，这种机器人装有一只能活动的 6 轴手臂和两只能夹住东西的手指，它能为残疾人倒水喝、开收音机、放录音唱片、拨电话等。残疾人通过安装在残疾人轮椅上的控制系统，可以指挥机器人完成各种动作，控制系统可以手控、自控、声控和程控。四肢残疾的人还能通过头部的动作指挥机器人。

在日本的许多生产集成电路芯片的车间，机器人正在充当超级清洁工的角色。芯片制造现场的灰尘含量不得超过规定标准，机器人通过身上的传感元件，能够测出某个地区灰尘含量情况，倘若超出规定，即对该区域进行活化处理，全部过程均为自动，无需人为控制。这种净化机器人还能够测出医院手术室内的含菌程度，然后自动杀灭细菌。

英国正在利用机器人横渡大西洋，帮助预测气候变化。

当今最令人感兴趣的是微型机器人，这种机器人集中了当代最先进的科学技术。日本通产省工业技术院计划用 10 年时间研制医用微型机器人，这种机器人将可进入人体内完成细胞去除、修复或置换等高难度手术，将为治疗癌症等疑难病开辟新的途径。

机器人作业的意义

工业机器人并不像我们在动画片中看到的有头有手有足的模拟人,而是一种由电脑控制的、具有多功能的机械装置。它结合和运用了电子传感器、电视、录像机、微型电脑等先进设备,在输入了一定的电脑程序以后,就会按照指令进行操作。目前工业机器人主要应用于汽车制造业,多数又是用于焊接和喷漆两道工序。以法国雪铁龙汽车公司生产的 CX 型小轿车为例,它有4520 个焊接点。在焊接过程中,如果工人的情绪因喜怒哀乐而波动,就会直接影响焊接质量。工人长期从事这种重复、机械、枯燥的劳动,对身心健康也是不利的。而专用的机器人一下子可以焊接十几个甚至几十个焊接点,而且规格统一,质量有保证,劳动生产率可以成倍提高,成本也可以大幅度下降。喷漆机器人可以操纵上下左右十几个喷漆枪一起作业,质量和效率都能大大提高。至于有些高空作业的爬墙机器人、锅炉及油罐内作业机器人、水底作业机器人,更是一般工人难以代替的,在这些方面使用机器人就更能显示出它的优越性。

所以,采用机器人作业,其意义不仅在于节约劳动力,还在于能够提高产品质量、降低生产成本,使产品更具有竞争力。

118

处理核事故

　　位于法国安德尔——卢瓦尔省境内的希农核干预机器人场地,聚集着各种负责核干预任务的机器人。一旦某个核设施发生伴有放射性物质泄漏的严重事故,人们就可以派遣这些机器人对事故进行处理。

　　负责外部干预行动的机器人装备有遥控操作臂,它们可以提取土壤样品,确定和测量放射性。其中有的机器人的电子部分已经经过"强化"处理,可以抵御 10 万拉德的放射污染。

　　在那里,除外部干预机器人外,还有一些公共工程机器人,负责完成一些诸如打洞或清除障碍之类的笨重工作。

　　外部干预机器人和公共工程机器人上都安装有摄像机、照明设备和运转定位装置,还配备有传输装置(无线电传输、图像传输和数据传输)。它们由两辆卡车遥控操作(一辆卡车上有驾驶操作室,另一辆卡车上有传输交换装置)。这样,人们就能在远离危险区(离机器人和公共工程机器人 10 千米之外)进行遥控操作。

　　此外,有 5 个机器人可以在发生事故的核电站内部从事处理工作。这些机器人可以进行认识、提取和测量。人们在一幢坚固的有保护措施的房屋内遥控这些机器人。该房屋与机器人之间由长达 150 米的缆绳连接。

机器人除草栽树

除草栽树是一种传统的比较繁琐的体力劳动,人类能否从中解脱出来,让机器人来代替作业呢?加拿大安大略省国家森林研究院的科研人员研制成功一种能除草护林的"机器昆虫",填补了这方面的空白。

这种外形像蜘蛛一样的机器人不但能分辨清除杂草,还能砍伐修剪树木,绝不会损伤树苗。

研究发现,由于"机器昆虫"有效地控制了杂草,树木的生长速度几乎是平时的3倍。尽管"机器昆虫"的工作效率现在还只是人工操作的一半,但它触觉十分灵敏,手感也很轻巧,因而,实际的经济效益要比人工作业高得多。一个工作人员可以同时监督管理10个"机器昆虫",在必要的时候为它们添加燃料、锋利刀刃、安放工具等,延长其工作时间。

"机器昆虫"共有6条腿,每条腿都由压缩空气驱动,足以跨越1.8米高的障碍物。它自身的重量为224千克,以一个以汽油为燃料的发动机为动力。它身上装有能分辨树木和杂草的软件,不过,科研人员认为,要完善"机器昆虫"的各项功能还需要一段时间。

加拿大幅员辽阔,森林面积广大,因而,"机器昆虫"将受到人们的欢迎,并发挥其独特的作用。

两种专业机器人

"掏泥机器人"可以清除淤积于水库底部的泥沙，以保证水库库容，避免对洪水时的水量调节和水电站的运转带来不利影响。

掏泥机器人可上下浮沉并可自己在水底行走。它全长12.9米，宽5.4米，高4米，重53吨。它具有一个大底座，底座上背着两个巨大的平衡罐，底座内部有三个空气室，像潜水艇一样，通过往平衡罐灌水和排出水，可使其浮沉。它可以潜入水深30米左右的区域。

"掏泥机器人"在底座前面伸出一支长臂，它的端部有一直径1米多的像风车一样的挖掘轮。在转动轮子挖掘泥沙的同时，长臂像汽车上雨刷那样地摆动，通过它中间的管路吸走淤积物。长臂每往复摆动一次可去除深50厘米、宽6米的泥沙。它具有每小时排出136立方米流体状泥沙的能力。

"洒农药机器人"实际上是一种无人驾驶的直升机，全长3.5米，在机体下部两侧向左右伸出2.6米的喷管，上面开有若干个小嘴用以喷洒农药。它在空中可以前后、左右移动，还可停留不动，一次装载农药20千克。

这种"洒农药机器人"利用超声检测，保证在离地面10米以上高度进行，适于在住室附近、斜坡地等不便使用直升机的场所进行作业。

灭火机器人

　　灭火机器人是一种用钢制成的牵引人，使用的是 2.2 升的柴油机，有 4 个实心的橡胶轮胎，这种实心轮胎比充气轮胎的耐力强得多。灭火机器人的重量约 2.5 吨，前进或后退的时速为 18 千米。它可在 800℃的情况下坚持 10 多分钟，而其钢体结构不会受到损害。

　　灭火机器人的主要特点体现在它的铰接臂上，这种铰接臂有点像建筑工程中使用的起重机上的机械臂。它可以装上各种各样的用具：叉子、钳子、铁锹，还有一种通过液压系统制作、能够在火灾现场抓起一些危险物品，清理那些阻碍消防员接近火场的残骸，使那些装有化学品的可能会爆炸的桶、正在燃烧的橡胶等远离火源。

　　为了能使遥控导向尽量准确，在灭火机器人的篷顶装有两台摄像机，它们会把机器人所到之处的画面传给遥控者。灭火机器人还装有一个可以盛 60 升水的储水箱。

　　科学家正在研制一种能主动出击的家用消防机器人。当预防火警的烟雾报警器响起时，它会立即作出反应，到各个房屋搜寻火源。一旦发现火种，机器人身上配备的灭火器能立即将火苗扑灭。必要时，它甚至还能向当地消防队呼救，要求增援。

机器人探测火源

家用消防机器人是一种利用由红外线和紫外线混合的传感器来探测火源的机器人。

消防机器人可按照预定程序，循最有效的途径到各个房间进行巡查。进入一个房间后，它开始对整个房间进行红外线辐射水平检测。如果发现某一部位的红外线辐射水平高于正常值时，就会在那里作进一步检查。一旦发现火种，灭火器会立即启动并将火焰熄灭。

科学家已成功地用一个小型消防机器人样机在一个单层建筑物模型内进行了试验。结果显示，消防机器人不仅找到了失火的位置，而且不到半分钟就将火焰扑灭。

但是，由于这种机器人不会爬楼梯，因此房屋的每一层面可能都得配备一个。而且，为了对付不同类型的火灾，它或许还得携带不同的灭火工具。科学家相信，用不了多久，家庭就可以用上装有摄像机的消防机器人。

科学家认为，所有火灾在刚开始时，火势一般不大，使用这种家庭消防机器人足以将其扑灭。相比之下，烟雾报警器等安全系统却是被动的，如果你在家，它们会提醒你警惕火灾，然而，这些安全系统并不能阻止火神无情地吞噬你的住宅和财产。

机器人检查肿瘤

男医生检查乳房疾病，使不少羞涩的女性望而却步，以致贻误病情。不久前，世界上第一个能像医生那样准确地检验出乳房肿瘤的机器人在日本早稻田大学的一个研究组里诞生。减轻了医生们的劳动强度，提高了检查的准确性。

这位机器人"医生"有两条"胳膊"，可以自由活动，由压力感应器做成的"手"，可以准确地分辨出肿瘤的位置和硬度。这种压力感应器特别灵敏，能够测出小至3毫米的肿瘤，而熟练的医生通常也不易找到小至5毫米的肿瘤。

这位"医生"在检查时，两"手"在接受检查者的乳房表面轻轻抚摸，极为认真细致。检查一个乳房大约需要6分钟。各种数据通过布满导线的胳膊传递给"中枢神经"——电脑，经过数据处理，显示在它那张用彩色荧光屏做成的"花脸"上。被检查者如有异常，不仅能从"医生"的"脸"上反映出来，还可以从"医生"胸前的打印机上得到具体数据。

这位"医生"的"脸"，能扭转180度，这样当羞涩的女性不好意思接受检查时，医务人员可以在机器人的"身"后观察荧光屏，减轻被检查者的心理压力。这种机器人最适合于人体的定期检查。

124

做心脏手术

　　随着高科技日新月异地发展，医疗诊治手段近年来也在不断进步。由法国著名外科医生卡那蒂尔和戴洛贺教授领导巴黎布鲁塞医院一组外科医生，在世界上第一次使用机器人为一位心脏病患者进行手术，并取得了满意的效果。从手术录像的画面上人们看到：患者全麻后，进行体外循环，胸腔切口仅仅4厘米。手术医生不是像通常那样站在手术台旁，而是在离开患者几米以外的地方，两手各持一只操纵器进行遥控操作。手术区内只见两只"小钢手"拿着的手术刀、止血钳和缝合针在心脏里上下跳动，宛如一场奇特的舞蹈。

　　布鲁塞医院在此后大约两周的时间内，通过机器人共计做了6例心脏手术：其中4例心脏换瓣、1例房间隔缺损修补、1例冠状动脉搭桥。所谓机器人，实际是一整套电脑控制的心脏外科手术器材，总重量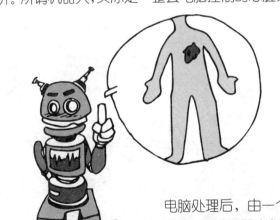达3吨。电脑放置在离开患者几米的地方。机器人的眼睛是一架摄像机，它把手术区的图像播放到监视屏，手术医生根据荧屏的图像进行操作。医生的遥控动作被输入电脑，经过电脑处理后，由一个支架传导给机器人。这样，通过机器人每双灵巧的"小钢手"给患者的心脏进行复杂的手术。

比外科医生准确

应当明白最基本的一点:外科医生总是能完全控制手术。机器人不能单独做手术,它必须靠人指挥。但用机器人做手术的一个好处是,由于有计算机控制,机器人的手术动作比外科医生的手术动作更准确。特别是在用微型仪器做手术时(引入仪器的切口只有约 1 厘米大小),手术可以做到极其准确。机器人可以达到外科医生的手术刀通常难以到达的心脏的某些部位。

用电脑做手术的过程是:外科医生坐在沙发上进行遥控,借助桌上的电脑屏幕可以直接看到手术情况(屏幕上的心脏图像的大小相当于实际心脏的 3 倍)。由于有微型摄像机,外科医生在利用电脑进行手术时,就像是坐在心脏里一样。同直接用手术刀相比,外科医生用电脑做手术会做得更准确,看得更真切,心里更踏实。

也许有的人会担心,倘若电脑突然出现故障怎么办?岂不会误事?

这一点不必担心,所有的电脑都有两套,就像飞机上的电脑一样。

专家们说,借助电脑做心脏手术,目前已经进入实际临床阶段了。

126

机器人进入人体

机器人手术并不完全是新的。譬如,在髋骨再植手术中,"机器人医生"被用于为安装人工替代件准确地在髋骨上钻孔;机器人还帮助神经外科医生确定脑瘤的精确位置。然而,CLEO 这种微型机器人却是第一个用于进入人体的机器人。但在 CLEO 进入人体之前, 还必须解决几个问题:

机器人的运动面临最为紧迫的挑战。由于大肠内部湿漉漉、滑溜溜,且具有急转的曲环,这些因素使机器人运动很难适应大肠的环境。"机器人医生"的尺寸还有待于进一步压缩。CLEO 的电机直径 7 毫米,长度 17 毫米,是目前最小的电机。麻省理工学院的研究人员正试图用压电材料制作电机。如果研究成功,不久就会制造出 1 立方厘米大小的机器人,它小得足可进入小肠或其他人体王国。

立方毫米大小的称为"蚊子"的机器人是研究人员的最终目标。它可以在消化道以及耳朵、支气管、血管中的任何地方漫游。这种机器人可以像药片一样地吞下,或用压舌板插入气管中,或注射到血管中,也可以径直走人耳朵中。

虽然有些人一想到机器人独自在体内运动就感到恐惧,其实这并不比一次较大手术更令人担忧。

机器人病房

机器人病房的各种设施，全部由中央电脑控制。它的关键设备是一张智能化病床。智能床上有200多个压力传感器，负责记录病人各种活动的数据。周围还装有一排监视患者病情变化的传感器。床的上方有5台摄像机，一直对准病人，随时记录包括病人的心跳速率在内的各种数据。摄像机可使中央电脑从不同角度得到病人的三维图像。这些数据和图像会及时传到中央监控室内，供那里的医护人员分析研究，并采取相应的护理措施。病人的亲友可以通过互联网络，从电脑上获得病人病情的真实数据，并与病人沟通交流。当病人有某种需求时，只要轻按传感器的按钮，传感器中的电子信号就会发生变化，并传送给中央电脑。中央电脑对电子信号进行分析，然后按预定的程序，向有关装置发出指令，给病人提供所需的服务。这一过程也会在中央监控室得到显示，以便监护人员随时掌握病房中发生的一切。

由于病床可以按病人意愿自由移动或改变角度，就减少了病人患褥疮的几率。当病人处于不适当的位置，如身体压在某个已缝合的伤口上时，传感器就会发出警报，提醒护理人员来帮助病人翻身或移位。

机器人应征入伍

美国正在加紧研制一种被称为"赫尔卡斯"的新型智能地雷,西方军事家们认为,这是地雷技术上的一项"突破性飞跃",它使地雷从一种传统的被动式攻击武器变成了一种主动式攻击武器。

这种地雷主要是为了对付集群坦克和武装直升机的威胁,它由自动搜寻装置和计算机控制系统组成,具有准确捕捉目标、计算弹道和主动攻击目标的能力。它不但可以布设在地面上,大面积杀伤步兵军团和坦克群,还可以用飞机从空中投射。空投后,这种地雷在助推火箭和电动推进器的帮助下,其音响和电光传感器可在 500～1000 米半径范围内快速自动寻找目标,一旦找到目标,其控制系统便点燃连接雷体的小火箭,使地雷准确地冲炸在目标上。这种地雷除了对付集群坦克外,只要能解决助推火箭的一些技术难点,还可用于攻击直升机。

在美国,不但智能地雷应征入伍,机器人文尼也应征入伍。文尼高1.82米,重约 85 千克,全身由钢和硅酮构成,它和人类一样,可以坐、蹲、走、跪、爬,甚至还能冒汗和呼吸。

美国军队还打算利用文尼试验化学战争中的防御方法。

机器人扫雷

美国劳伦斯－利佛莫尔国立实验室的工程师和发明家比尔·瓦滕贝格合作研制出了机械扫雷机器人。

设计者把这种螺旋管状适合各种地形的机器人设计成可以跨越各种地形，同时载有可以侦察地雷和其他武器、有害废弃物和毒素的传感器。给这种机器人安装上摄像机和传感器之后，可以在派遣军队之前把它们派出去，"嗅出"敌人的军队，并发现、挖出或引爆地雷。

瓦滕贝格说，"在常规战争和现代维持和平的行动中，必须探明敌人情况的军事人员，他们的伤亡人数在 70%～80%。他们是遭到隐藏敌人射击的第一批人，他们是第一批踩上地雷的人。在丢掉大腿、胳膊、眼睛和生命的人中，他们占 70%。"

螺旋管状适合各种地形的机器人，就像由 A 形框架连接起来的两片旋耕机的犁铧。该装置由铝制成，高 76 厘米，长 120，宽约 76 厘米，重约 54 千克。它可以登上高坡，在泥地或水中工作效率很高。

该机器人通过连接一台发动机的电缆接受动力。由改进的计算机操纵杆进行控制。但是，科学家还计划将电源改装在机器人身上，并由无线电信号控制。

130

机器人当秘书

据英国《星期日泰晤士报》报道,科研人员正在让一些严重残疾患者试用一位会翻书页、发传真、整理归档文件、扔废纸、开饮料罐及干其他一些杂事的"机器人秘书"。

所谓"机器人秘书",其实仅仅是一条由电脑控制的机器手臂被安装在残疾人使用的轮椅上。借助这条手臂,残疾患者在很多方面重新获得独立性,给工作和生活带来极大的便利。

机器手臂可以折叠,伸展开时长逾1.5米;它能举起4千克重的物品,并通过转动关节,使物体朝各个方向移动。机器手臂上安有气动工具变换装置,利用手臂上端的不同部件可完成各种不同的工作。如从抽屉里取出纸来,将它铺在主人使用的阅读板上,或重新放回抽屉;机器手臂上装有一种通用的夹子,可以用来取放碟子和杯子;控制它上面的吸盘,还能让它调换激光唱片,让主人欣赏自己喜爱的音乐,充分享受人生的乐趣。

机器手臂能从书架上排列的18种规格的书籍中取出主人想要的那本书,把它放到阅读板上并翻到主人要求阅读的那一页。此外,它还能灵活地操作电脑,如安装键盘、打开或存储文件,熟练地操作打印机和扫描机等。

家庭机器人

(1) 照管幼儿的机器人。美国生产出一种会照管幼儿的家用机器人，它能为幼儿讲故事、演奏歌曲、开关电视机、做饭和给幼儿洗澡，能把孩子放到摇篮里，给孩子喂奶和喂水。它还会打扫卫生，做一些家务劳动。

(2) 照顾老人的机器人。美国斯坦福大学的电子学讲师拜伦首次研制出一只名叫"罗西亚"的机器宠物狗。它会用友好的方式，尽心尽职地照顾一位上了年纪的老人。它的行为举止就像普通的宠物，会用摇晃尾巴的方式向主人问候，赢得主人的欢心。

(3) 炊事机器人。中国第一台能自动烧水、做饭、熬粥的多功能机器人，每天添加 3 块蜂窝煤，除一日三餐外，还可提供 4 升开水和 30 升 60℃以上的热水。它具有排烟除尘装置，可使室内空气比普通煤炉减少 20%～25%。不久前，日本市场出现一种功能独特的炊事机器人，它既能递送、更换烹饪用具，还会烧出一手美味可口的佳肴，赢得日本家庭主妇的偏爱。

(4) 缝纫机器人。日本研制的缝纫机器人，具有可与熟练缝纫工相媲美的缝纫技能。它有 6 个活动关节，能进行复杂动作，可拿起 5 千克重的物品。它可借助 3 个触觉敏感的元件进行精细的缝纫工作。

梦幻厨房

不久前,美国在一个展览会上展出了一套称为"梦幻厨房"的高科技厨房设备,引起了人们的极大兴趣。

这套设备,包括一系列由声音感应控制的先进厨房用具。只要你吩咐,这些用具就会自行进行工作。比如,你想要喝咖啡,只要走进厨房说:"给我一杯咖啡,要奶,不要糖。"一个玻璃橱柜就会自动开动,然后制出你想要的咖啡。如果你要打开或关上窗户,只要你说一声,窗户就会自动开关。

"梦幻厨房"的"心脏"部分,是一套极为先进的电脑系统。它可由键盘和声音操作,控制全屋的照明、电话通信、暖气、冷气和防火、防盗系统。同时,它也控制着屋内的音像系统,如电话机、录像机、激光影碟机、收音机与扬声器等。

"梦幻厨房"的电脑储存有家庭成员的体重、年龄、体型等各种资料,并设有一个营养控制系统,可帮助家庭成员增肥或减肥。当你踏上一台数字磅秤时,电脑就会向你提供一些在一周内减肥多少千克的饮食资料,并告诉你每餐各种食物的营养含量。同时,电脑还可以为你提供每周的购物清单。

就连烧水都不会的人,这套厨房也能帮助他烧煮出美味可口的食物。

智能电梯

　　在日常生活中,人们时常遇到这样的尴尬事:按动电梯按钮后,长时间不见电梯到来。好容易盼到电梯打开舱门,里面却已经超载,让人在一边干着急,甚至延误办公。随着计算机日趋小型化,实现电梯的高效率运作已成现实,人们除了可以缩短在各个楼房的等候时间,还可灵活选择空余电梯,并保证重点人员的乘梯需要。

　　目前,计算机已趋小型化,即使在狭小的电梯机械室,也能安装一套带计算机的高级控制装置了。为预测上下班以及午饭时间利用电梯的人数,并让电梯停靠在较多乘客的楼层,日本一家公司甚至还引进了"乘用传递工程学原理"的运行控制系统。在平时运行过程中,计算机将各楼房电梯的等待时间和拥挤程度进行储存,并与以往的数据进行比较。为制订第二天的运行安排,计算机采用概率论对一系列数据进行处理。经过数据处理后,计算机对控制系统发出指令,缩短设有较多办公室以及人员进出频繁楼层的等候时间,空余电梯首先满足经理室等重要部门的需要,从而实现了高效率运行。

机器人警察

一名男子开枪击中了一家银行的职员后，又向循声奔来的警员射击，然后迅速逃匿到附近一家旅馆的房间里，并威胁说他将引爆炸弹。警方与罪犯的谈判进行了很长时间。后来罪犯说他已厌倦了这种谈判，并拉开了两个手榴弹的保险，随时

恭候警员们的勇敢出击。在谈判难以继续下去的关键时刻，一个看上去像是"漫游火星"的细长机器人奉命冲了上去，随着爆炸物的一声巨响，罪犯所在的房间门打开了，罪犯的尸体影像由机器人头部的摄像机传输到警员的面前，长达 14 小时的僵局终于宣告结束。事后，警官奇·瓦格斯说："幸亏有了机器人，否则我们将花费更多的时间，付出更大的代价。"这是发生在美国阿恩海姆街头真实的惊心动魄的一幕。

机器人警察的制造技术是近几年才出现的。美国各地警察局纷纷开始运用遥控的机器人来执行引爆炸弹、驱散持枪歹徒等危险环境的警务，并收到了良好的效果。很显然，这类危险性很大的工作，非机械构造的机器人警察莫属，而血肉之躯的警察则难以胜任。

一位警方发言人指出，使用机器人警察的目的，并不是要完全替代人类警察，它的主要目的是使警员们脱离第一线的危险，减少不必要的牺牲。

电子监狱

　　瑞典一些犯罪情节较轻的犯人将在虚拟的"电子监狱"里服刑。确切地说,他们将戴上电子脚环在自己的家里服刑。但在电子脚环的监视下,他们仍必须规规矩矩地按狱规生活。

　　这种电子监控程序系统可分三代。现行的第一代,采用的是脚镯或手镯的形式。犯人戴上此镯后,所有的行动便受到监控。电子镯发出的电波与家庭电话解调器相呼应,若犯人离开解调器33米时,电子镯即向监控中心发出警报;若电子镯受到破坏时,也同样会发出报警信号。

　　第二代系统较复杂,它每隔5~10秒发出短促信号,从而能记录犯人所到的每个地方;监视中心自己有两台独立的电脑接收系统,对犯人发出的信号进行处理,并在地图上标出坐标方位。

　　第三代系统更复杂,它由无线电监视器、模糊芯片和药囊组成。整个系统是微型的,埋植于犯人的手臂皮下,它能测出犯人生理状态的

变化,一旦出现暴力行为的先兆,它即将该犯的生理数据发送给监视中心。在必要时,如犯人出现变态性冲动时,系统内的微处理器会自动触发,使药囊射出一定剂量的药物,以镇定或抑制该犯的冲动,从而避免可能产生的犯罪,而又不致损害犯人的正常性功能。

机器人踢足球

1998 年 7 月 2 日，"第二届机器人世界杯足球赛"在法国举行。这次大赛分小型级、中型级和大型级。

按照比赛要求，所有参加比赛的机器人球员，都必须具备良好的带球和过人技巧，并能巧妙地避开对方守门员后起脚射门。

小型级比赛是在一张乒乓球桌面大小的台子上进行的。每场比赛双方各出两名机器人。机器人安装了电子眼，能识别球员，确定攻守路线、场地、球门和足球。为使目标与计算机程序准确地对应，球、球门、机器人分别涂有不同颜色。除摄像电子眼外，"队员"身上还配备了激光、超声波、红外线等装置，用以判断位置，球路和推球射门。

中型机器人比赛是本届足球赛最为吸引观众的一个项目。在约 40 平方米的比赛场地上，机器人必须凭借自己的"锐眼"寻找足球和球门，捕捉稍纵即逝的进攻时机。比赛中，由于双方球员经常陷入混战，以致难以辨别敌我，有时竟会把球送至对方球员的脚下，或是一边带球一边四下寻找对方的球门，引得观众哄堂大笑。

有关专家指出，按照目前的技术水平，机器人尚无法像人类那样进行巧妙的过人传球，或者随机应变插入空档射门。眼下，人们只能在如何提高机器人的带球能力上作进一步研究。

宇宙飞行机器人

目前，一些工业发达国家正开始着手制订大型宇宙设施的建设。较有代表性的是"阿尔法"国际空间站。

然而，大型宇宙设施毕竟不同于目前的空间站和太空实验室，其建设和维护的工作量是目前的宇航员在舱外活动所无法承担的。大型宇宙设施的建设不但工作量极大，而且具有较大的危险性，需要考虑到宇航服的劣化问题、辐射对宇航员的不良影响问题、生命维持装置可能出现的故障问题以及宇航员与卫星、机器人、工具等可能发生的碰撞问题等。而且如果将大批工作人员送入太空，其耗资也是巨大的。

基于上述原因，科学家努力研究、开发宇宙飞行机器人，用以代替宇航员去修建大型宇宙设施。

宇宙飞行机器人在无重力的太空中完成建设和维护工作，其运动方式和控制方式都与地面机器人有很大区别。宇宙飞行机器人漂浮在太空中，依靠其自身携带的推进器完成平移和旋转运动，是以"飞行"方式进行运动的。宇宙飞行机器人受惯性力和其他物体对它的反作用力影响十分严重，例如，机器人工作时腕部的推动会引起机器人主体姿态的变动，机器人捕捉飞翔物体时又会引起机器人主体的转动等，都是各国科学家研究的课题。一旦宇宙飞行机器人付诸应用，将极大地促进人类开发宇宙的进程。

138

机器人拜访火星

1996 年 12 月 4 日,美国机器人探测器"火星探路者"发射升空。经过长达 4.94 亿千米的长途飞行,历时 7 个月,于 1997 年 7 月 4 日抵达火星。

"火星探路者"飞船及其所释放的火星车经过一段时间的实地考察,取得了不少成果。

从"火星探路者"发回的数千张火星地表照片得知,火星上也有山脉、丘陵、沟谷,还有陨石坑。

火星车上有一台 α—质子—x 射线光谱仪,能现场分析岩石的化学成分。分析结果表明,火星上的岩石主要成分是由类似地球上常见的石英、长石和正辉石组成的,其中石英约占 1/3。火星表面是一层虚土,下面则是坚硬的壳层。

火星当时是夏季,白天地表温度约零下十几摄氏度,夜晚会降到 −70℃,甚至更低,白天有微风。

另外,"火星探路者"之旅还找到一些支持"火星生命之说"的证据:在机器人着陆的火星阿瑞斯平原几十亿年前曾发生过特大洪水。

在 2005 年底前,美国航天局将每隔 26 个月(这是地球和火星最适宜飞行的直线的间隔时间)向火星派遣两个机器人探测器。

美国科学家认为,人类可能在不久后登上火星。

机器人前途无量

从 1984 年至 1994 年的 10 年间，机器人给美国创造了 2500 亿美元的财富，到 21 世纪初，机器人将给美国带来 6000 亿~8000 亿美元的财富。

机器人之所以有如此巨大的应用前景，与当今世界经济日趋现代化、信息化是分不开的，同时也与机器人越来越聪明，而价格却越来越低不可分。

在许多国家的工业部门，由于产品生产向多品种、少批量方向发展，采用机器人便显得更为重要。分析家指出，日本生产的汽车之所以成本比美、欧的低 5%~10%，其中一个重要原因在于日本汽车产业大量使用了机器人。日本每万名汽车工人拥有 813 台机器人。

从 20 世纪 90 年代开始，机器人大批走进服务行业。美国、日本和欧洲已有数十个服务性行业在使用机器人。

英国机器人专家和外科医生研制成的第一台会做前列腺癌手术的机器人正在伦敦盖伊医院"上班"。机器人做手术具有精度高、不知疲倦的优点，它们会成为外科医生们的好帮手。

人员还研制成了会清扫房间、会领路、会管理停车场的机器人。不过，不管技术怎么发展，机器人总是得听从人类的指挥，如果哪天人脑能和电脑相连，那就人机一体化了。